"十三五"国家重点图书出版物出版规划
经典建筑理论书系
加州大学伯克利分校环境结构中心系列

建筑的永恒之道

The Timeless Way of Building

［美］C. 亚历山大　著

赵　冰　译

冯纪忠　审校

知识产权出版社
全国百佳图书出版单位
—北京—

图书在版编目（CIP）数据

建筑的永恒之道 /（美）C. 亚历山大著；赵冰译. — 北京：知识产权出版社，2020.3（2023.4 重印）

（经典建筑理论书系）

书名原文：The Timeless Way of Building

ISBN 978-7-5130-6263-3

Ⅰ . ①建… Ⅱ . ①C… ②赵… Ⅲ . ①城市规划—建筑设计—研究 Ⅳ . ①TU984

中国版本图书馆 CIP 数据核字（2019）第 097861 号

责任编辑：李 潇 刘 嚣　　　　　责任校对：王 岩
封面设计：红石榴文化·王英磊　　　责任印制：刘译文

经典建筑理论书系

建筑的永恒之道

The Timeless Way of Building

[美] C. 亚历山大　著
赵 冰 译
冯纪忠 审校

出版发行：知识产权出版社有限责任公司	网　址：http://www.ipph.cn
社　址：北京市海淀区气象路 50 号院	邮　编：100081
责编电话：010-82000860 转 8119	责编邮箱：liuhe@cnipr.com
发行电话：010-82000860 转 8101	发行传真：010-82000893/82005070
印　刷：三河市国英印务有限公司	经　销：各大网上书店、新华书店及相关销售网点
开　本：880mm×1230mm　1/32	印　张：16.5
版　次：2020 年 3 月第 1 版	印　次：2023 年 4 月第 2 次印刷
字　数：330 千字	定　价：89.00 元
ISBN 978-7-5130-6263-3	
京权图字：01-2016-8194	

出版权专有　侵权必究

如有印装质量问题，本社负责调换。

关于作者

C. 亚历山大，美国建筑师协会颁发的最高研究勋章的获得者，是一位有实践经验的建筑师和营造师，加州大学伯克利分校建筑学教授，环境结构中心的负责人。

《建筑的永恒之道》是全面阐述建筑与规划新观点的系列丛书的第一卷。这套丛书意在提供一套完整有效的方法，来替代我们目前对于建筑、建造和规划的看法，我们希望，它将逐步取代当前的思想和实践。

环境结构中心

加州大学，伯克利分校

无心之心，道之所存

关于本书的阅读

　　也许本书所展示的内容，整体要比细节更重要一些。倘若你只有一个小时，大致翻翻全书，要比细细阅读前两章会更有意思。为此，我安排了这样一种方式，使你只需阅读黑体的标题，就能在几分钟内领会全章的要旨。假若你以尽快的速度来看每一章的开篇和结尾以及中间的楷体文字，无须一个小时，你就能领会本书的整体结构。

　　然后，你若想深入阅读，就会知道要从何处着手，而且总是同整体联系着的。

内容详要
DETAILED TABLE OF CONTENTS

永恒之道

建筑或城市只有踏上了永恒之道，才会生机勃勃。

1. 它是一个唯有我们自己才能带来秩序的过程，它不可能被求取，但只要我们顺应它，它便会自然而然地出现。

质

为了探求永恒之道，我们首先必须认识无名特质。

2. 存在着一个极为重要的特质，它是人、城市、建筑或荒野的生命与精神的根本准则。这种特质客观明确，但却无法命名。

3. 在我们自己的生活中，追寻这种特质是任何一个人的主要追求，是任何一个人的经历的关键所在，它是对我们最有生气的那些时刻和情境的追求。

4. 为了明确表示建筑和城市中的这一特质，我们首先必须理解，每个地方的特征是由不断发生在那里的事件的模式所赋予的。

5. 这些事件模式总是同空间中一定的几何形式相连

接的。实际上，正如我们就要看到的，每一建筑和每一城市根本上是由这些空间模式而非其他所构成的，这些模式是构成建筑和城市的原子和分子。

6. 组成建筑或城市的特定模式可以是有活力的，也可以是僵死的。模式达到了有活力的程度，它们就使我们的内部各力松弛，使我们获得自由；当它们僵死时，它们便始终将我们困于内部冲突之中。

7. 一事物（房间、建筑或城市）中有活力的模式越多，它就越作为一个整体唤起生活，就越光彩夺目，就越具有这无名特质自我保持的生气。

8. 而当建筑具有这种生气，它就成了自然的一部分。就像海浪或是草叶，其各部分由万物皆流而产生的无尽的重复和变化的运动所支配。这便是特质本身。

门

为达到无名特质，我们接着必须建立一种有活力的模式语言作为大门。

9. 建筑和城市中的这些特质不能建造，只能间接地由人们日常活动来产生，正如一朵花不能制造，而只能从种子中产生一样。

10. 人们可以使用那些被我称作模式语言的语言来形成他们的建筑，而且行之已久。模式语言赋予每个使用者创造变化无穷、新颖独特的建筑的能力，正如日常语言赋予他创造变化无穷的语句的能力一样。

11. 这些模式语言并不限于村庄和农业社会。所有建造行为都是由某种模式语言支配的，而世界上的模式之所以存在，根本原因在于这些模式是由人们使用的模式语言创造的。

12. 除此之外，不只是城市和建筑的形态来自模式语言，其特质也来自模式语言。甚至最使人敬畏的宏伟的宗教建筑，其生命力与美丽也来自建造者使用的语言。

13. 但在我们的时代，语言已瘫痪了。因为它们不再被共同使用，使之深入的过程也便瓦解了；因而事实上，我们的时代，任何人不可能使建筑充满生气。

14. 为重新朝着我们共享并有活力的语言的方向努力，首先我们必须学会如何发现深层的且有能力产生生气的模式。

15. 其次，我们可通过体验的检视逐渐改进这些共同使用的模式，可以通过辨识它们带给我们怎样的感受来十分简单地确定这些模式是否使我们的环境活跃。

16. 再次，一旦我们懂得了如何发现有生气的单个模式，我们便可以为我们自己、为我们所遇到的建筑任务，编制一种语言。语言的结构是由单个模式之间的联系网产生的：语言作为一个总体，其生存与否取决于这些模式形成一个整体的程度。

17. 最后，从不同建造任务的个别语言中，我们还可以创造一个更大的结构，一个不断演进着的诸结构所构成的结构，一个城市的共同的语言。这就是大门。

道

一旦我们建成了大门，我们便可以通过它进入永恒之道的实践。

18. 现在我们将开始深入地看看，一个城市丰富和复杂的秩序是如何能够从千千万万创造性的活动中成长起来的。我们城市中一旦有了共同的模式语言，我们都将会有能力通过我们极普通的活动，使我们的街道和建筑生机勃勃。语言，就像一粒种子，是一个发生系统，它给予我们千百万微小的活动以形成整体的力量。

19. 在这一过程中，每一个别的建造活动就是空间得以分化的过程。它并非是一个由预成了的部分相结合而产生一个整体的相加的过程，而是一个逐渐展开的过程，就像胎儿的发育，整体先于部分，并实际通过分化孕育了各部分。

20. 展开的过程步步深入，一步一个模式。每一步给生活带来一个模式；而结果的强度有赖于这些个别步骤的每一个的强度。

21. 具有自然特征的完整的建筑将根据这些个别模式的顺序，在你的思想中，像句子一样简单地自我形成。

22. 以同样的方式，几组人可以通过遵循一个共同的模式语言，当场构思出他们的大型公共建筑，就好像他们共有一个心灵。

23. 一旦建筑像这样被构想出，它们就可以直接地从一些在地上做的简单的记号中产生出来——仍是在共同的语言之中，但却是直接的，不用施工图的。

24. 接着，一些建造的行为，每一个用来修整和扩大以前行为的成果，将缓慢地产生一个更大、更复杂的整体。

25. 最后，在通常的语言框架内，成百万个个别建筑行为将一起自然地产生一个活生生的、整体的和无法预言的城市——这就是无名特质的缓慢的出现，好像自无而来。

26. 而随着整体的形成，我们将看到它具备了赋予永恒之道其名的那个超时代的特质，此特质是一个特定的形态特征，清晰明确，一个建筑或城市富有生气时，它肯定出现，它是建筑中无名特质的物质体现。

道之核心

然而，永恒之道并未完结，直到我们把大门抛在身后，它才彻底地产生无名特质。

27. 诚然，这超时代的特征最终和语言无关，语言及出自它的过程仅仅解放了我们天生的基本秩序，它们并未教我们什么，它们只是提醒我们，当我们放弃我们的设想和成见，严格地做那些出自我们自己的事情时，我们已经知道了什么和将要一次又一次发现什么。

目　录
CONTENTS

永恒之道

质

门

道

道之核心

THE TIMELESS WAY

永恒之道

建筑或城市只有踏上了永恒之道，
才会生机勃勃。

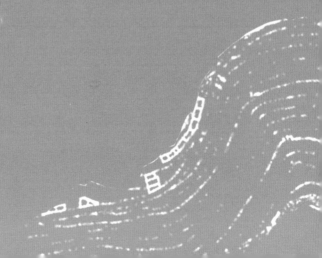

第一章
永恒之道

    它是一个唯有我们自己才能带来秩序的过程，它不可能被求取，但只要我们顺应它，它便会自然而然地出现。

有一条永恒的建筑之道。

它存在了千百年之久，至今依然如故。

以往那些人们感觉到舒适自在的伟大的传统建筑、村庄、帐篷及庙宇，总是由极其接近此道的人们建造而成的。除非遵循此道，否则建造那些伟大的建筑和城市，那些优美别致的场所，那些感觉到自己、感觉到生活气息的地方是不可能的。而且，正如你将要看到的，此道会把寻求它的任何人带向那形式上同树木、山峦以及我们的面庞一样久远的建筑。

它是一个建筑或城市的秩序径直地从其中的人、动物、植物及物品的内在本质中成长起来的过程。

它是一个允许任何个人、家庭和城市的生活自由自在地繁荣兴旺、生气勃勃，以致自然地产生借以维持这一生活的自然秩序的过程。

它如此强大和重要，以致依靠它，你可以在世界上建造能与你所看到的任何地方媲美的建筑。

一旦领悟了它，你就可以使你的房间充满生活气息；你就会同家人一起来设计你们的住房、设计孩子的花园、设计你工作的场所、设计你闲坐暇想的露台。

它如此强大，以致依靠它，许多人可以共同创造一个生机勃勃、悠闲自在的城市，一个与历史上任何城市一样美好的城市。

无须建筑师和规划师的帮助，倘若你走上了永恒之道，一个城市将在你的手下，宛若园中的花儿一样，从容地成长起来。

而且，别无它道可以产生充满活力的建筑或城市。

这并不意味着所有建筑之道是完全相同的。它只意味着，所有成功的建筑活动和成功的成长过程，形式上千姿百态，其核心有一个导致成功的基本不变的特征。尽管此道在不同的时间、不同的场所所呈现的形式不同，但还是存在着一个对于所有这些形式来说不可回避的、不变的核心。

看一看本章开头照片中的建筑吧。

它们是有生气的，它们具有来自全然自在的、恬静而古拙的优美。

阿海布亚，一个极小的哥特式教堂，古老的禅宗寺院，山泉旁的别墅，铺满蓝黄面砖的庭院。它们所共有的到底是什么呢？它们美妙、有序、和谐——是的，这些正是它们所共有的，但特别打动我们的却是，它们充满了活力。

我们每个人都希望能使我们的建筑或城市像这样充满生机。

这是人的本性，是同我们渴求孩子一样的一种希望。它，非常简单地说，就是希望用我们建造的、既是我们周围环境的一部分又是自然的一部分的某种东西来创造一部分自然，来完善已由山川草石组成的世界。

我们每个人在内心深处都梦想着建造一个充满生气的世界，一个天地。

我们中间的那些被培养成为建筑师的人在其生活的真正中心也许梦想着有那么一天，在某个地方，以某种方式，建起一座神奇美妙、动人心弦的建筑，一个人们可以散步、梦想几世纪的场所。

每个人都以各自的形式编织着这一美梦：不管你是谁，你定会梦想着有一天为自己的家庭建起一座最美的房子，建个花园、喷泉、鱼池，一个光线柔和的大房间，外面花团锦簇、嫩草清香。

也许那些关注城市的人也恍惚地做着整个城市的梦。

正有一条道能把建筑和城市带向这样的生活。

在所有建造活动的中心，存在着一个可限定的活动顺序，据此完全可能精确地指出，在何种情形下这些活动会产生一个有生气的建筑，这一顺序可以非常精确，以致人人皆可依此建造。

同样，也可以精确地指出一群各自独立的人使城市有生气的过程。实质上，所有集合在一起的建造过程也存在一个可限定的活动顺序，不过较为复杂罢了。因而完全可能确切指出这些过程何时会使局面有活力；而且同样，这些过程会非常清楚明了，以致任何一组人都可以利用它们。

这条建筑之道一直存在着。

它隐藏于非洲、印度和日本传统的村落建筑之中，它隐藏于伊斯兰的清真寺、中世纪的修道院，以及日本的庙宇那样伟大的宗教建筑之中。它隐藏于挪威和奥地利的山野茅舍之中，隐藏于城堡和宫殿城墙上的屋脊之中，隐藏于中世纪意大利的桥梁之中，隐藏于比萨大教堂之中。

千百年来，它以不自觉的形式隐藏于所有的建筑方式背后。

但只有现在，才有可能通过足够深入的分析，显示它的所有不同形式中不变的东西，来辨认这条建筑之道。

这取决于所有可能的建造过程的表现形式，它们展现了一个更深的过程。

首先，我们有一种考虑环境基本组成要素，即组成一个建筑或一个城市的基本"东西"的方法。我们在第四章和第五章中将会看到，每个建筑、每个城市都是由被我称作模式的一定整体组成的，而且一旦我们以建筑的模式来理解建筑，我们就有了考察它们的方法，这一方法产生了所有的建筑、一个城市的所有相似部分、同类物理结构中的所有各部分。

　　其次，我们有理解产生这些模式的发生过程，即建筑基本组成要素来源的方法。我们在第十章、第十一章、第十二章中将要看到，这些模式总是来自某种结合过程，这些过程在它们产生的特殊模式中各不相同，但其总体结构及运行方式却总是相似的。它们基本上类似语言，而且以这些模式语言来表示的话，所有建造的不同方式，虽然在细节上不同，但在总体上却变得相似了。

　　在这种分析层次上，我们可以比较许多不同的建造过程。

　　最后，我们一旦看清了它们的不同，就有可能确定那些使建筑有生气的过程同那些使建筑无生气的过程之间的不同了。

　　因而也就得出，在所有那些允许我们使建筑有生气的过程的背后，总是存在一个独一无二的、共同的过程。

这个过程就是精确的运演过程。它不仅仅是个模糊的概念，或者我们能够理解的一种过程，它足够具体、足够明确，以致它实际上在起作用。它给了我们使城市和建筑有生气的能力，就像火柴给了我们产生火焰的能力一样具体。它是一种准确地告诉我们该如何去做才能使我们的建筑有生气的方法或规则。

尽管这一方法是精确的，但却不可机械地运用。

事实上，甚至最终在我们深入认识了这个能使建筑或城市有生气的过程时，这种认识只是把我们带回到了我们自身已被遗忘的那部分之中。

尽管过程是精确的，并能以准确的科学术语来限定，但最终它之所以有价值，并不是因为它告诉了我们不知道的东西，相反，它告诉了我们已经知道，却因看起来太幼稚、太原始而不敢承认的知识。

实际上，最终的结果是，这种方法所做的只是把我们从所有的方法中解放出来。

我们越学习使用这种方法，越发现这种方法并没有告诉多少我们以前所不知道的过程，而是给我们展现了一个已经成为自身一部分的过程。

我们发现，我们已经知道了如何使建筑有生气，但我们的能力却被冻结了，我们有这种能力，却害怕运用它，我们的畏惧使我们丧失了活动能力。而用来克服这些畏惧的方法和意象同样使我们丧失了活动能力。

最终我们所要做的，就是克服我们的畏惧，回到确切知道如何使建筑有生气的、我们自己的本能之中，但是我们也知道，除非我们首先经过了教我们驱除畏惧的训练，我们的能力是不易达到的。

这就是永恒之道最终何以成为永恒的缘故。

它并非是个可被加到事物之上的外在的方法。相反，它是深植于我们之中的一个过程，只需加以释放。

使建筑优美的能力已存在于我们每个人之中。

它是一个如此简单和深入的核心，以致我们同它一起诞生。这并非比喻。确确实实是如此。你尽可能想象世界上的美与和谐——你看到过或梦到过的最美的地方。你此刻就有能力创造它。

我们所具有的这种能力在我们每个人中是如此一致和根深蒂固，以致一旦它被解放出来，它将允许我们通过我们个别的、独立的活动来创造一个城市，而无须任何规划，因为它正如每一个生命过程，是一个自己建立秩序的过程。

但今天的事实却是，我们自己已被那些以为要使房屋或城市有生气就非做不可的准则、成法、概念所困扰，我们变得害怕起自然发生的事情，而且确信我们必须在"系统"和"方法"中进行工作，因为没有它们，我们的环境将会在混乱中变得摇摇欲坠。

也许我们害怕，离开了想象和方法，混乱将挣脱出来，而且更害怕，如果我们不使用某种想象，我们自己的创造本身会混乱不堪。我们何以害怕呢？难道是因为假若我们搞乱了，人们会嘲笑我们？或许是我们很害怕，当我们希望创造艺术时，真的搞乱了，我们自己将会混乱、空洞、虚无？

这就是何以旁人容易利用我们的畏惧的缘故。因为我们害怕自己混乱，他们就可以劝说我们，必须更有方法、更有系统。离开了方法和更进一步的方法，我们害怕自己的混乱将显现出来，而这些方法只能使事情更糟。

助长这些方法的思想和恐惧乃是错误的观念。

产生死寂、呆板、虚假的场所是由于这些错误的观念给我们带来的恐惧。而且最有讽刺意义的是，我们用来使我们从畏惧中解脱出来的特殊方法，本身就是枷锁，我们的困难就来自它对我们的束缚。

事实上，我们自己看上去的混乱乃是一个丰富的摇摆、自负、垂死、跳动、歌唱、大笑、高叫、哭喊、睡眠的状态。倘若我们只让这种状态支配我们的建造活动、我们设计的建筑，我们帮助产生的城市将是人们心目中的丛林芳草。

　　为自我消除这种错误的观念，为摆脱所有歪曲了我们本性的人为秩序的想象，我们必须首先学会一种告诉我们环境与我们自己的真正关系的方法。

　　而一旦这种方法被运用起来，打破我们依靠至今的错误的观念，我们将准备放弃这种方法，自然地进行创造。

　　这就是建筑的永恒之道，学会方法，而后抛弃它。

THE QUALITY

质

为了探求永恒之道，我们首先必须
认识无名特质。

第二章
无名特质

　　有一个极为重要的特质存在于世,它是人、城市、建筑或荒野的生命与精神的根本准则。这种特质客观明确,但却无法命名。

有人已告诉我们，优秀的建筑与低劣的建筑，优秀的城市与低劣的城市之间没有客观上的差别。

其实，建筑、城市的好坏之别是一个客观的问题。它是健康与疾病之别，完整与分裂之别，自持与自毁之别。在健康、完整、有生气和自持的世界中，人们自己就是充满活力、自我创造的。而在分裂和自毁的世界中，人们无法生存，他们将不可避免地走入自我毁灭的悲惨境地。

不过不难理解，为什么人们如此坚信优劣建筑之别没有一个唯一而固定的准则。

这是因为产生这种差别的独特的中心特质无法命名。

当我向人讲述这一特质时，我首先想到的地方就是英国乡村花园的一个角落，那里有棵桃树靠着墙生长着。

墙东西伸展，桃树平直地靠着南边生长着。阳光照在树上，也照在树后的砖上，温暖的砖又反照在桃子上。整个气氛略有困意。桃树小心地挨着墙生长着，温暖着墙砖，桃子在阳光中成长，野草在泥土、砖墙和树根交会的斜角处，围着树根生长着。

这种特质是任何东西中都存在的最基本的特质。

它绝不可能相同，因为它总是在它出现的特质场合形成自己的形状。

在这个地方它是平静的，在那个地方它却是激烈的；

对于这个人它是时机，对于那个人它却是无关紧要的；在这个住房它是明亮的，在那个住房它却是黑暗的；对于这个房间它是温柔宁静的，对于那个房间它却是陈旧的；在这个家庭它是对野餐的嗜好，而在另外的家庭则是跳舞或玩纸牌游戏；对于另外的一群人，它则与家庭生活截然不同。

它是摆脱了内部矛盾的一种微妙的自由。

自我同一的系统具有这种特质，分裂的系统则缺乏这种特质。

系统若忠实于自己的内在之力，就具有这种特质，若不忠实于自己的内在之力，便不具有这一特质。

系统自身和谐时，便具有这种特质，系统自身混乱时，便缺乏这种特质。

你已经知道了这一特质，对它的感受是动物或人都会有的最自然的感受。对它的感受如同我们自己的生存、自己的健康一样自然，如同告诉我们何时某物对与错的直觉一样自然。

不过，要充分掌握它，你必须克服告诉我们所有的东西都是同样地有生机和真实的物理学的偏见。

在物理学和化学中，没有一个系统本身会比另一系统更具有自我同一性的观念。

而且，一个系统"该是什么"自然地从"它是什么"中成长起来，全然没有意义。拿物理学家讨论的原子来说，一个简单的原子，对于它是否反映其自然绝不会有任何问题。原子都是忠实于其自然的，它们都同样真实，它们只是存在。一个原子不能或多或少地忠实于它本身。而且由于物理学已集中到像原子那样的简单的系统，已使我们相信：某个东西"是"什么，乃是一个同它"应是"什么完全分开的问题，科学和伦理学不可混淆。

　　但是，这种极端的盲目性束缚住了物理学所告诉我们的有力而神奇的世界图景。

　　在复杂系统的世界中，并非如此。许多人不完全忠实于自己的内在天性，或者是不完全"真实"。实际上，对于许多人来说，努力成为忠实于自己的人是生活的中心问题。当你遇到了忠实于自己的人，你就会立刻感到，他比旁人"更真实"。因而，在复杂的人的层次上，也就存在着"忠实于自己"和"不忠实于自己"的系统之间的界限。不是我们所有的人都是同样忠实于我们自己内在天性的，不是所有的人都同样真实、同样完整的。

　　在我们之外，被称作我们的世界的那些更大的系统中，亦是如此。世界的所有部分并不都是忠实于它们自己的，并不都是同样真实、同样完整的。在物理学的世界中，任何自毁系统单是停止生存而已，而在复杂系统的世界中，却并不是那么简单。

其实，这个内在矛盾的微妙复杂的自由，正是事物得以生存的真正特质。

在生存物的世界中，每一系统可以或多或少地真实，或多或少地忠实于自身。因循那些外加应做的准则，系统就不可能更忠实于自身。但限定一个过程，告诉你如何使系统更忠实于自己，依据它是什么，而告诉你应做什么，这都是可能的。

这种完整，或这种完整的缺乏是任何事物的基本特质。不管它是在一首诗中，还是在一个人中，或者在一个挤满人的建筑中，或者在一片丛林中，在一个城市中，相关的每件事都来源于它。它具体化了每件事。

但这一特质却不能被命名。

这一特质不能被命名的事实并不意味着它含混不清。它不能被命名是因为它是精确的。词语不能传达，因为它比词语更精确。特质本身是明确的，没有忽略任何什么，但是你选择来表达它的每个词都有含糊的边缘和扩展，从而模糊了特质的基本意义。

现在我想用围绕此特质的六个媒介向你表明，何以词语绝不可表达此特质。

我们常用来谈论无名特质的词语是"生气"。

存在着这样的观念：有生气与无生气事物之间的区别要比活动与不活动、生与死之间的区别更普遍，更意味深长。活动的东西可以是无生气的，不活动的东西可以是有生气的。行走和谈话的人可以是有生气的，也可以是无生气的。贝多芬最后的四重奏是有生气的，海边的波浪是有生气的，蜡烛的火焰也是有生气的。一只老虎可能会比一个人更有生气，因为它更多地和它自己的内在力量相协调。

放置得好的炉火是有生气的。燃烧大量木料的炉火同在行的人烧的炉火截然不同。在行的人恰如其分地放置每一根木料，以使木料间产生空隙，他不使用拨火棒拨动木料，但木料燃烧时，一个接一个地放上，其间也许只差一英寸。这样准确地放置木料，使气流形成了一个通道。当气流吹动时，木料上兴起了流动的黄色火苗。每块木料得到了充分的燃烧，我们看到火焰剧烈、稳定地燃烧，当它最终熄灭了的时候，木料便全部烧光了，随着最后火光的消失，除了炉中的灰烬外，便一无所有了。

但是"生气"一词的最妙处正是其弱点所在。

火的存在同我们的生存是一样的，当然这是一种隐喻。我们确实知道植物和动物是有生气的，火和音乐是无生气的。如果我们非得解释为什么我们把这堆火叫作有生气的，那堆火叫作无生气的，那么我们就会不知所措。

隐喻使我们相信，我们已经发现了一个表达无名特质的词语，但只有当我们已经理解了这一特质时，我们才能用这个词语来命名它。

我们常用来讨论这个无名特质的另一词语是"完整"。

事物具有的内部矛盾是自由的，它就是完整的。当它本身冲突时，导致了分裂它的力量，它就是不完整的。事物的内在矛盾越自由，它便越完整、越健全、越专注。

比较阵风吹过的天然湖畔生长的树木和侵蚀了的山谷。树木和树枝构成了整体，阵风吹过，它们便弯曲了。而此时，系统中所有的力，甚至风的强力都还能保持平衡，因为它们是平衡的，它们不相冲突，也不会出现破坏，树弯曲的结构使它们能自我保持。

但是考虑一片正在发生侵蚀的严重浸泡的土地，没有足够的树根把土壤抓在一起，下雨时，骤雨把泥土带进溪流，形成了溪谷，泥土还是没有结合在一起，因为那儿没有足够的植物。风一吹，侵蚀更严重了，下一次水来时又从溪谷中流过，加深并拓宽了谷道。这个系统的结构，其自身产生的力在其中呈现出来，结果破坏了系统，系统是自毁的，它没有能力保持自身产生的力。

树和风的系统是完整的，谷和雨的系统是不完整的。

但是"完整"一词太封闭了。

完整暗示了闭合、自足、有限。当你把一事物称为完整时，它使你想到它是对它自己的完整，而孤立于其周围的世界。但是肺只有当它呼吸有机体外空气中的氧气时才是完整的；一个人只有成为人类社会一员时才是完整的；一个城市只有在和周围乡村平衡时才是完整的。

"完整"一词带有自足的微妙暗示，自足总是逐渐破坏无名特质的。因此，"完整"一词绝不能完美描述这个特质。

"舒适"一词可以理解无名特质的另一方面。

"舒适"一词比人们通常意识到的更加意味深长。舒适的真正难解之义远远超出它看起来所包含的简单意思。舒适的宫殿之所以舒适，是因为它们没有内部矛盾，因为没有一点儿不安定来干扰它们。

想象在冬日的下午，你自己伴着一杯茶、一本书、一个台灯和两三个靠枕。这使你自己觉得舒适。不要以你显示给其他人看，并说你如何喜欢它的方式。我的意思是你自己真正地喜欢它。

你把茶放到你能拿到，但却不可能将它撞翻的地方。你把灯降低，照到书上，但不太亮，不至于看到灯泡。你把靠垫放在你后面，小心地一个挨一个放置在你要放的地方，支撑着你的后背、你的脖子、你的胳膊。这样你希望喝茶、读书、遐想时，正好被舒舒服服地支撑着。

若是你不怕麻烦，喜欢做这一切时，你会相当专心地去做，这样它就开始有了无名特质。

不过，"舒适"一词易于用错，而且有太多其他的意思。

也存在一些无价值和麻木的舒适。因为许多情形过于遮蔽，其中没有生活就很容易使用"舒适"一词。

一个很有钱的家庭，过于柔软的床，恒温的房间，遮盖起来而无须步入雨中的小路，这些是所有更乏味的"舒适"，因而歪曲了"舒适"一词的基本含义。

"自由"一词弥补了"完整"和"舒适"所表露的缺陷。

无名特质绝不可计算，绝非完美：只有抛弃意念和意象而任意创造时，力的精妙平衡才会发生。

想想装满水泥袋的卡车。如果袋子完全成排堆放，它可以是细心、明智、相当精确的。但绝不会有无名特质，除非它有一定的自由。堆放袋子的人运袋子、扔袋子，忘记了他们自己，热心投身于这种活动，忘我，狂热……

黑夜中炉火映天的钢厂也会有这种特质，因为那儿显示了自由和狂热。

当然，这种自由也可以是非常戏剧性的一种姿态，一种形式，一种手法。

一个建筑，其"自由"的形式若没有根植于构成它的各种力量或材料，就犹如一个人其姿势没有自己自然的根基一样，其形状是借来的、人造的、强加的、设计的，是靠模仿外部的想象，而不是通过自己的内力产生的。

这种所谓的自由与无名特质是不可同日而语的。

帮助恢复这种平衡的是"准确"一词。

"准确"一词帮助平衡了其他像"舒适"和"自由"等词的印象。这些词暗示了无名特质总有些不精确。而且它确实是散漫、流动和松弛的。但它绝非不精确。在一种情境下的许多力是真实的力，是不能逃避的。如果不能完全、准确适应这些力，就没有舒适，没有自由。因为被留下的小的力将总会使系统破坏。

假定我试图在我花园中为黑鸟做个桌子。在冬天，当雪覆盖大地，黑鸟缺食之时，我将为它们把食物放在桌子上，于是我建个桌子，希望成群的黑鸟飞到雪中的桌子上觅食。

但是做一个真能如此的桌子并不容易。鸟儿遵循它们自己的规律，倘若不了解它们，它们就不会来。假如桌子太低，鸟儿就不会飞下来，因为它们不愿意接近地面猛扑。如果太高或太暴露，风就不会让鸟儿停在桌子上。如果接近于晒衣线，在风中，鸟儿就会为摆动的线所惊吓。我放的许多地方，桌子实际上不能起作用。

我慢慢知道了，有成千上万的微妙的作用力在左右着鸟儿的行动。倘若我不明白这些力，桌子就不会真正有用。只要桌子的位置不准确，黑鸟成群地绕着桌子吃食的想象就只能是一厢情愿。为使桌子起作用，必须认真考虑这些力，把桌子放置在完全准确的位置上。

当然，"准确"一词并不是恰当地描述了无名特质。

它没有自由的意思，它太易使人联想到意思完全不同的其他那些东西。

通常，当我们说某一东西准确时，我们意指它完全适于某种抽象的意象。假如我切一个方纸板，而使其完全准确，它意味着我做出了完全正方的纸板，其各边相同，角度准确地为90°。我已完全和我的意象相适应了。

我这里使用"准确"一词的意思几乎是相反的，一个具有无名特质的东西绝不能准确地适应任何意象。所准确适应的只是其内在的作用力。但是这种准确需要形式模糊而流畅。

比"准确"更进一步的一个词是"无我"。

一个地方若无生气或是虚假的，其后总有造假的人。

这个地方充满了制作者的意愿，就根本没有自己自然的余地了。

对照想一想旧椅子上雕刻的两个心形装饰，装饰连在一起，切出简单的两个洞，这就是"无我"。

它们并不是依据某一平面雕刻的，而是随便刻上的，不管怎么看，都是个孔隙。它丝毫不做作，没有努力去装饰，也并不寻求表达雕刻人的个性。它自然得像是椅子本身的要求，雕刻者只是做了需要做的事情。

尽管旧椅子及其雕刻可以是"无我"的，但"无我"这个词也不是相当准确的。

比如，无我并不意味着制作的人把自己排除在外。制作人也是其中的一部分，他喜欢长椅，想在其上雕刻心形。说不定，他是为他所喜欢的姑娘做的。

制作具有无名特质的东西，而且还让它反映你的个性，这是完全可能的。你的风度和你的爱憎都是你的花园的作用力，你的花园必须反映这些作用力，正如它反映使树叶成长，鸟儿歌唱的其他作用力一样。

但是，如果你使用"自我"一词来表明人的特征的中心，那么使某种东西无我的想法可以说成是你想使人完全忘却他自己，这全然不是无我的词义，因此，词义不是很确切的。

最后一个可以帮助理解无名特质的词是"永恒"。

所有的事物、人和场所有了这种无名特质，就进入了永恒的王国。

有一些东西几乎确实是永恒的：它们强健、平衡，具有很强的自持力，以致不易受干扰，几乎是不灭的。而其他的东西只是刚刚达到这种特质，仅仅一瞬间就回到了内部矛盾的最低状态。

"永恒"一词表达了这两者。它们具有此一特质的时刻就达到了永恒的真理的王国。在它们从内部矛盾解脱出来的时刻，它们就会把他们的场所置于独立于时间之外的事物的秩序之中。

我曾经看到日本一个村庄的简易鱼池，它也许就是永恒的。

一个农夫为农庄修了鱼池，池子是个简单的 6ft 宽 8ft 长的长方形，流出一条用于灌溉的水流。花丛悬在池的一端，另一端水下是一个木环，环上部距水面 12in。池中有 8 条硕大的老鲤鱼，都有 18in 长，橘黄色、金色、紫色和黑色的，最老的鲤鱼已生活了 80 年。8 条鱼慢悠悠、慢悠悠地绕着木环，也常常在木环中游弋。整个世界就在水池之中。每天农夫在水池旁坐上几分钟。我在那儿只逗留了一天，整个下午我一直坐在那儿。甚至现在，我想到它，也会潸然泪下。这些古鱼在池中慢慢游了 80 年了。鱼、花、水和农夫是多么忠实于自己的天性啊，以致所有那些时间它一直持续着，无穷重复却总是不同。除了这简单的池子外，再没有什么能够达到这样完整和真实的程度了。

然而，像所有其他的词一样，"永恒"一词所混淆的比它要解释的多。

永恒暗示了一种宗教特质，这种暗示是准确的，但却使池子所具有的特质看上去是一种神秘的东西；其实，它并不神秘。它首先是普通的。它之所以永恒就在于它的平常。这一点"永恒"一词是不能表达的。

把无名特质想象为一点，我们试的每个词作为一个椭圆。每个椭圆包括这点，但每个椭圆也包括许多远离此点的其他的意义。

因为每个词总是像这样的一个椭圆，所以每个词对于作为点的特质来说，总是太空泛，太不明确，范围太大。没有一个词可以表达无名特质，因为特质太特殊，词太广泛了。但是，它是存在于任何人、任何东西之中的最重要的特质。

它不只是形式和颜色的美，这些无须自然就可以做出。它不只是满足目的，目的无须自然也可以达到。它不只是来自观念的美妙的音乐或宁静的清真寺的精神特质，这些无须自然也可以做出。

无名特质包容了这些更简单、更美妙的特质。但它

也还是如此的普通，不知怎的，它竟使我们想起了我们
生活的匆匆流逝。

这是一个略带惆怅的特质。

第三章

生机勃勃

　　在我们自己的生活中，追寻这种特质是任何一个人的主要追求，是任何一个人的经历的关键所在，它是对我们最有生气的那些时刻和情境的追求。

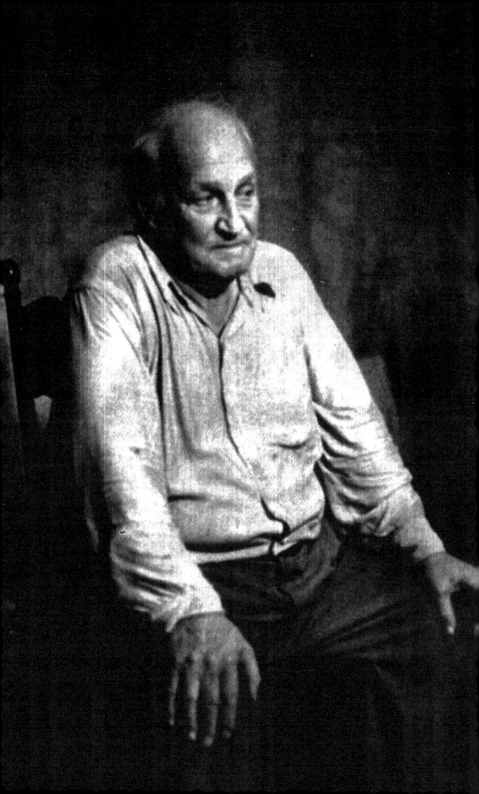

现在我们知道无名特质的感受和特征了。但是至今我们还没有具体地看到任何比树木、水池、长椅更大的系统的特质。而这种特质无所不在，它在建筑中、动物中、植物中、城市中、街道中、荒野中，也在我们自己之中。而在所有这些更大的状况之中，只有当我们首先理解了我们自己的特质，我们才开始具体地理解其他的特质。

例如，路上跳舞的吉普赛人充满野性的微笑所具有的特质。

大帽子的宽边，像张开的臂膀，敞向充满信心、其大无比的世界……孩子的双臂，拥抱着草地……老人安然坐着，点着香烟，手放在膝上，休息、等候、静听。

在我们的生活中，这种无名特质是我们所见到的最宝贵的东西。

而我自由生活，我就有此特质。

当你看到一个人微笑时，你知道他就是他自己，完全无拘无束，那时刻他是自由的。想象他也许特地戴一顶大宽帽，挥动着他的手臂；他也许在歌唱，那时刻除去他自己和周围的东西，其他的一切都被忘却了。

在我们任其所之的时刻，这种狂热的自由，这种激情就闯入了我们的生活。

而这正是我们所有的精力可以自由发挥的时候。这种特质在自然中几乎是自发的，因为没有意象来干扰事物产生的自然过程。但在所有我们的创造物中，意象就可能干扰事物自然必需的秩序。尤其是它破坏我们行事的方式是我们司空见惯的。因为我们自己，就如同我们的作品，是自我创造的产物。所以只有当我们放弃了支配我们生活的意象时，我们才会有自由，才会有这种无名特质。

而我们每个人都面临着放手的畏惧，面临着让各种作用力自由地作用，让我们的结构忠实地适应这些作用力而成为我们自己的畏惧。

只要我们有自我的观念和见解，使我们顽固地坚持，以致我们不能想象怎样生活而抑制了想象力，我们就无法放手。

只要我们还像这样受到抑制，视神经就会紧张，嘴角就会紧闭，我们行走、运动的方式就会不自然、不坚定。

只有当我们放松的时候，才有可能生机勃勃。旧的框架是有限的，旧框架之外还有截然不同的结构。变化无穷的现实的人需要以他们巨大的甚至完全不同的力量，进行一个伟大的创造，去发现自己的力量。要忠实地发现自己的力量，人必须首先脱离旧的框架。

优秀影片《生活》就是通过一个老人的生活描述了这个情景。

老人坐了 30 年柜台，维持秩序。后来他患了胃癌，他得知 6 个月后就会因此而死去。他努力生活，寻求快乐，因为时间不多了。最后，他克服了重重困难，帮助东京条件恶劣的贫民区建造了一个公园。他摆脱了畏惧，因为他知道他就要死去；他工作、工作还是工作，什么也阻止不了他；他不再畏惧任何人、任何事情，他不会再失去任何东西。因而在这短暂的时光中，他获得了一切。而后者人在漫天飞雪中，在他所建造的公园的儿童秋千上，荡弋着，歌唱着，离开了人世。

在死神面前，我们每个人几乎生活"在绳索之上"，不敢去做恐惧阻止我们去做的真正的事情。

几年前，有一家杂技艺人在表演当中不幸从高索上摔落下来。除了父亲的腿摔伤外，其他人都不幸身亡或落下了残疾。但就是在经历摔落事故并失去了儿子的情况下，几个月后，这位父亲又重返杂技场，继续他的表演。

在一次交谈中，有人问他，在这样不幸的事故之后，他如何使自己恢复的呢？他回答道："在高索上，那就是生活……其他的一切都是次要的。"

当然，我们许多人并不是如此朴实。

再没有比害怕放弃某一工作、某种家庭生活的幻想更能阻止我们成为我们自己，成为全世界不平凡的人，而回归我们生活的了。

一个人在点燃香烟时，可以像老人在钢丝上表演那样自由。另一个人则同吉普赛人一起旅行：头上裹着围巾；后面拖着黄色大篷车、停在原野中的马匹；篷车外炖煮着兔肉；吃肉时舔吸着自己的手指。

必须首先考虑这些要素。

风、细雨；背靠着旧卡车，细雨落下时移动衣服和放着东西的筐子；在围巾下笑着、蜷缩着，怕弄湿却弄湿了。吃着一条切成片的面包和用角落里的短柄小斧粗糙切开的干乳酪。看着红花在雨中反映着灯光，猛敲着卡车的窗子，大声开着玩笑。

什么也没有留住，什么也没有失去。没有财产，没有安全，不关心什么财产，也不关心什么安全。在这种心境中，才可能准确地去做有意义的事情而无所顾虑，没有隐畏，没有信念，没有教条，没有压抑的潜流，对你周围人的所做所为不敏感。而最重要的是你不再关心你自己，不再担心别人的嘲笑，不再有把微小的琐事同破产、失去爱情、失去朋友和死亡联系起来而产生的难以捉摸的恐惧，无所顾虑，无所祈求，全然没有威严的外部因素，唯有笑声和雨水。

当我们的内力疏解时，它才会发生。

当一个人的力疏解时，他使我们感觉到在家里一样的自在，因为我们通过某种第六感知道不存在其他意想不到的潜伏末期的力量。他依据所处的情境自然行事，无须去打乱它们。在他的行为中并无想象的指导，并无隐含的力量，他绝对的自由。因而，在与他的交往中，我们感到轻松、友好。

当然，在实际中我们常常不知道我们的内力是些什么。

我们长年累月地以某种方式活动、生活着，并不知道，也不能肯定我们成功解脱之时或我们未解脱之时我们是否自由。

当然，我们生活中还有那些特别神秘的时刻，我们不期而笑的时刻，我们所有的力疏解的时刻。

我们常常在妇女中看到这些时刻，它们甚至比男人，比我们自己更好。当我们知道那些时刻，当我们微笑、当我们放松、当我们丝毫未戒备时，也就是我们许多重要的作用力显示我们自己的时刻，不管那时刻你在做些什么，继续做，重复做——因为那种微笑是我们对于隐含的作用力的最好认识，它告诉我们，这些作用力是何物，它们在何处，它们何以解放出来。

当它们实际出现时，我们不能意识到这宝贵的时光。

事实上，有意去获得这种特质，成为自由，成为一切，以及由此产生的看法总会有损于特质。

相反，特质出现于我们完全忘记了我们自己的时候：也许在一群朋友中间装个怪样；或游向大海；或简单地散步；或深夜同一群朋友，嘴唇上夹着香烟，以疲倦的眼睛和热切的专注，在桌边努力完成某件事情。

我生活中的所有这些时刻，只是现在回顾起来才知道。

我们每个人从体验中知道了我们自己的这种特质的感受。

这是我们最正确、最正直、最伤心、最狂欢的时刻。

因此，当这一特质在建筑中出现的时候，我们每个人都可以认出它。

我们只要简单地问问它们是否像我们自由时的情形，就可以识别具有这一特质的城市和建筑、街道和花园、花坛、椅子、桌子、台布、酒瓶、公园的坐椅、厨房的洗涤槽。

我们只需问问我们自己，哪个地方——哪个城市、哪个建筑、哪个房间已使我们感觉像这种特质，它们中哪个有激情，哪个向我们低声细语，让我们回忆起我们是我们自己的那些时刻。

我们自己生活中的这一特质和我们周围的同样的特质，这两者之间的联系不是相似或相同的。事实上是一个创造了另一个。

　　有这一特质的场所使这一特质出现在我们的生活中，我们自己有这一特质时，我们就使它出现在我们协助建造的城市和建筑的生活之中。它是一个自立、自持的特质。它是生活的特质。为了我们自己，我们必须在我们的环境中寻求它，以便使我们自己生机勃勃。

　　这就是所有后面论述的主要的科学事实。

第四章

事件模式

　　为了明确表示建筑和城市中的这一特质，我们首先
必须理解，每个地方的特征是由不断发生在那里的事件
的模式所赋予的。

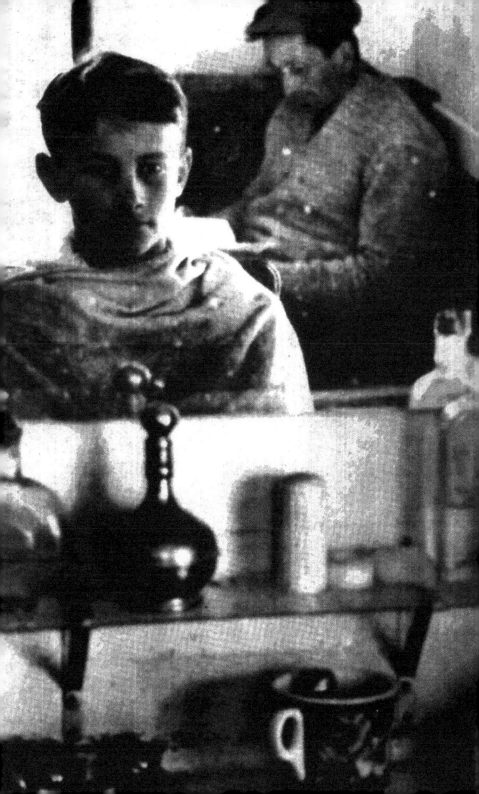

我们知道无名特质在我们自己的生活中跟什么一样。

正如我们在下面几章将要看到的，只有当这种特质存在于我们所在的世界中，它才进入我们的生活。只有我们生活的建筑和城市有活力，我们才会有生气。无名特质是循环的，当它存在于我们的建筑中时，它便存在于我们之中，当我们自己具有这一特质时，它才在我们的建筑中存在。

为了清楚地理解，我们首先必须认识到城市或建筑根本上是由发生在那儿的事件支配的。

我用最一般的概念来解释。

活动、事件、作用力、情境、电闪雷击、鱼死、水流、与爱人争吵、烧制蛋糕、猫相互嬉戏、蜂鸟落在我的窗外、朋友经过、我的汽车发生故障、与爱人重新和好、婴儿降生、祖父破产……

我的生活就是由这样的事件组成的。

每个人、动物、植物、创造物的生活是由相似的一系列事件组成的。

一个地方的特征则是由发生在那里的事件所赋予的。

我们当中关心建筑的人很容易忘记，一个地方的所有生活和灵魂，我们所有在那儿的体验，不单单依赖于物质环境，还依赖于我们在那里体验的事件的模式。

利马如何，那里最令人难忘的是什么——在街上吃肉串，小片牛肉心串在枝上，放上热酱，在敞开的炭火上烧烤。灯光昏暗的利马夜晚的街市，小货车上烧红的炭闪耀的火光，卖主的面庞，围聚起来吃牛肉心的幽暗的人影。

或是在日内瓦——秋雾中吃着放在小纸包里的热栗子，温暖着手指。

而加利福尼亚海岸令人难忘的是什么呢？当海水经过湿沙撞击到岩石上，浪涛冲击、消退，而下次海水又到来之时，站在岩石上，波涛咆哮，浪花嘶嘶。

室内也是同样，想想毕加索的工作室，空敞的房间，宽大的窗子，大而空的壁炉，除了画架和椅子外，完全没有家具，空旷如野。这难道不是完全由事件的结构所产生的作用力和情境组成的吗？

而想想围绕着厨桌的聚会，人们共饮共烹，喝酒、吃葡萄。大家一起准备炖肉和酒、大蒜和番茄，花四个小时来烧煮；而烧煮的时候，举杯饮酒；最后再来吃饭。

想想我们那种最难忘的时刻——圣诞树上闪烁的蜡烛，鸣响的铃儿，一个接一个小时的等候，从门外面透过门缝偷看，最后冲进来的孩子们，他们听到铃儿的响声，在那看到用50根燃烧着的白、红蜡烛点亮的圣诞树，点着的蜡烛燃着了某个细枝，散发着烤焦的松针味儿。

想想擦洗地板的过程，转动着刷子的硬毛，用水桶倒在木纹松裂的软地板上，木板上留下的肥皂味儿。

或者是和火车上的亲友告别，斜靠着车窗，招手、亲吻，当火车离开时，沿着站台奔跑。

或是星期日全家散步，沿着道路，两三个并肩走着，也许拉着最小的孩子，其他的孩子落在后面，看着路边的青蛙和一只旧鞋。

这些产生了地方特征的事件模式，并不一定要是人的事件。

阳光照在窗台上，风吹过草地，这些也是事件，它们和社会事件一样影响着我们。

与我们生活有关的事件，也就是对我们有实际物质影响的事件，其任何组合都影响着我们的生活。

例如，如果我们的房外岩石中有一个凿出的溪床，每次下雨时都流满了水，这就是一种对环境特征具有强烈影响的情形，而它全然不是人的情形。

把这些事件的作用和重要性与建筑师自己所关心的环境的其他的纯几何方面比较。

例如，比较一个建筑中包含水的两种方式。

假定，一方面，你的房间外有一个混凝土的反射水池，除非反射天空，别无它意。

而假定另一方面，你的房间外有一水溪，一扁舟荡漾其上，你可以去荡舟，躺在水面上，同水流搏斗，倾覆……

这两者哪个更不同于房屋？自然是划船，因为它改变了房屋的整个体验。

是这些时刻的活动，参与其中的人，以及特殊的情境，给我们的生活留下了记忆。

住房、城市的生活不是由建筑的形状、装饰和平面直接给予的，而是由我们在那儿遇见的事件和情境的特质所赋予的。总是情境让我们成为我们自己。

是我们周围的人，我们遇见他们，同他们在一起的最一般的方式——简而言之，是存在于我们的世界中的方式，才使我们有可能生机勃勃。

于是我们知道了，建筑和城市要紧的不只是其外表形状，物理几何形状，而是发生在那里的事件。

要紧的是所有发生在那里的事件——重复的情形所给予的人的事件、物理事件，火车的飞奔、水的下落、结构的缓慢开裂、草的生长、雪的融化、铁的生锈、玫瑰花的开放、夏日的暴晒、烹调、爱恋、玩耍、死亡，而且不只是我们自己，还有构成整体的动物、植物，甚至无机物的过程。

当然，有些事件在一生中只发生过一次，其他的则经常发生，还有些则频繁发生。虽然有时特有的一次事件也会改变我们的生活或给我们留下刻痕，但基本上可以说，我们生活的全部特征是由那些不断重复发生的事件所赋予的。

同样，我们也可以说，一个地方的生活的任一方面、任一系统基本上是由那些在那里保持重复的人或非人的情境所支配的。

建筑或城市的基本特质是由那些不断发生在那里的事件所赋予的。

草地的特征基本上是由一次又一次、成千上万次发生的那些事件所赋予的：草子萌发，风吹过，草开花，蚯蚓爬行，昆虫孵化……

一辆汽车的特征是由不断在那发生的事件所赋予的；车轮的转动，汽缸中活塞的运动，汽车改变方向时方向盘的转动。

一个家庭的特征是由发生在那的特殊事件所赋予的，细致的感情，亲吻，早餐，经常发生的特殊的争论，这些争论的解决方式，人们那种使我们喜欢他们的既共聚又独居的特质……

这对于任何个人的生活同样是真实的。

如果我诚实地考虑我的生活，我能够看到，它是由很少量的我一次次参与的事件的模式支配的。

躺在床上，洗澡，在厨房吃早餐，坐在书房里写作，在花园里散步，同我的朋友们在办公室里备餐吃饭，去看电影，带全家去饭店吃饭，在朋友家中畅欢，在快车道上驾驶，又上床睡觉。没有更多的了。

在任何一个人的生活方式中，竟没有多少种事件模式，也许不超过一打。看看你自己的生活，你就会发现同样的情况。起初看到我只有这样几种事件模式，我感到很吃惊。

我并不想要更多的模式，但当我看到它们是如此之少，我开始理解了这极少的模式对我的生活、我的生活的能力的影响是多么巨大。倘若这几种模式对我来说是很好的，我就能生活得很愉快。反之，我就不能生活得愉快。

当然，事件的标准模式因人而异，因文化而异。

一个在洛杉矶读高中的十几岁的男孩的情况包括和其他孩子们聚集在走廊中看电视，同他的女朋友坐在路边餐馆喝可口可乐、吃汉堡包。而一个在欧洲山村的老人的情况则包括擦洗门前的台阶，在当地教堂中点燃蜡烛，停在市场中购买新鲜蔬菜，步行五英里翻山去看他的外孙子。

但每一城市，每一邻里，每一建筑都有一系列随着其流行的文化而不同的事件模式。

一个人可以模仿与其相近的情况，他可以迁移，改变生活等；在特殊的情形中，他甚至会彻底地改变生活，但却不可能超出事件集合和模式的范围。我们的文化使这些事件集合和模式对我们有效。

一定的事件（人文的或非人文的）模式不断重复，根本上是发生在那里的更多的事件的原因。在这一简单的事实中，我们就会发现这样的事实，我们的世界有一种结构。

我们的个体生活由它们组成……我们一起的生活也同样……它们是我们文化自我维持、保持活力的法则，通过这些事件模式来建立我们的生活，我们成为我们文化中的人……

我们生活的各方面都是受这些事件模式支配的，而且无名特质之所以能进入我们的生活，纯然依赖于组成这些事件模式的特殊本质，这是很清楚的。

实际上，正因为这些自身重复的事件模式总是固定于空间之中，所以世界确实有一种结构。

不想象事件发生的场所，我就不能想象任何方式的事件；不想象我自己睡在哪儿，我就不能想象睡眠。自然，我可以想象我自己睡在许多不同的地方——但这些地方至少都共有一定的物理几何特征。而且，不知道或不想象那里发生了什么，就不可能想到那个地方，不想象床、性行为、睡眠、穿衣或起床、在床上早餐……我就不能想象起居室。

例如，考虑我们可以称为"观看世界时光流逝"的事件模式。

我们坐在门廊里，或许稍微升高些，或坐在公园的一些台阶上，或坐在咖啡馆的平台上，后面是多少保护遮盖起来的部分私密的地方，稍微升高一些，观看更为公共的空间，观看世界的时光流逝。

我不能把它同它所出现的门廊分开。

活动和空间是不可分的。活动是由这种空间来支撑的。空间支撑了这种活动，两者形成了一个单元，空间中的一个事件模式。

一个理发店中也是一样，其中理发师、顾客沿一边坐成一排，另一排是理发椅子，间隔很大，面朝镜子。理发师理发时，闲谈着，周围是润发油瓶，桌上放着头发干燥器，前面是冲洗盆，挂剃刀的皮带悬在墙上……活动与其物质空间还是一体的。它们不可分割。

诚然，文化总是参考空间的物理要素的名称来限定事件模式的，这些要素的名称在这一文化中是"标准的"。

如果你回过来看一下我提的事件模式，几乎每个都是由它所出现的场所空间特征所限定的。

理发店、走廊、浴室、备有写字台的书房、曲径通幽的花园、床、公共餐桌、电影院、快车道、高中的走廊、电视机、路旁餐厅、门前台阶、教堂后部的烛台、有蔬菜摊的广场、山路，这些要素中的每一个都限定了事件模式。

仅仅是给定城市中典型的要素表就告诉了我们那儿的人的生活方式。

当你想到洛杉矶时，你想到的是快车道、路旁餐馆、郊区、飞机场、加油站、商业中心、游泳池、牛肉饼店、停车处、海滩、广告牌、超级市场、自由式的家庭住宅、前院、交通灯……

当你想到中世纪欧洲的一个城市，你想到的是教堂、市场、城市广场、城墙、城门、狭小曲折的街道小巷、住房密集的街区、每一住房包括一个大的家庭、屋顶、胡同、铁匠、酒房……

在每种情形中，简单的要素表就能强烈地唤起我们的记忆。这些要素不是建筑或房屋的僵死部分——每一个都有同其相连的整体生活。它的名称使我们想象和忆起在那些要素中人们做些什么，以及在有这些要素的环境中生活像什么。

这并不意味着空间创造事件或引起事件。

例如，在现代城市中，人行道的具体空间模式并不
"引起"发生在那儿的各种人的行为。

所发生的事情相当复杂。在文化圈中，人行道上的
人们知道他们在其中的空间是人行道，而且，作为他们
文化的一部分，在他们心中有人行道的模式。是这种在
他们心中的模式引起他们按照人们在边道上的行为去行
事，不是纯的混凝土墙侧面的空间形式。

当然，这意味着在两种文化中人们可以不同地看待
人行道，亦即他们心中可以有不同的模式。而且最终，
他们在边道上会有不同的行为。例如，在纽约，人行道
主要是行走、拥挤、快行的空间。而在牙买加或印度，
则是闲坐、交谈或演奏甚至睡觉的地方。

把这两个人行道说成是相同的是不正确的理解。

它只意味着，事件的模式不能与它所发生的空间相
分离。

每一人行道都是一个统一的系统，既包括了确定其
具体几何形式的几何关系，也包括了同几何关系相连的
人的活动和事件。

于是，当我们看到庞贝的街道用来睡觉或停车……
而在纽约，只用来行走时——我们不能把它理解成两种
不同用途的一个人行道模式，庞贝人行道（空间＋事

件）是一种模式，纽约人行道（空间＋事件）是另一种模式，它们是完全不同的两种模式。

事件模式和空间模式的这种紧密连接在自然中是平凡的事情。

"溪流"一词同时描述了物理空间模式和事件模式。

我们不能将溪床和溪流分开，在我们的心中，溪床、溪岸及其曲折的结构同水的冲击、植物的成长、鱼的游弋之间是没有区别的。

同样，建筑和城市中支配生活的事件模式不能同它们所发生的空间分割开来。

每一个都是一种活的东西，空间中的一种事件模式，正如同溪流、瀑布、火焰、风暴——一次次发生的事情一样，它恰恰是组成世界的要素之一。

因此，很明显，我们只可通过把它们自己看成活生生的要素，才能理解这些事件的模式。

它是生活和生存的空间本身，它是纽约的行走、拥挤的人行道，它是我们称为外廊，也叫作观看世界时光流逝的事件模式的空间。

在建筑和城市中展开的生活不只是固定于空间中，而且由空间本身组成。

由于空间由这些活生生的要素、这些空间中标记了的事件模式组成，所以我们看到，初看起来像是呆板的几何形的建筑和城市，确是一个活跃的东西，一个活的系统，一种空间中互相作用的邻近的事件模式的集合，每一空间一次又一次重复一定事件，总是由空间中的位置固定。因而，如果我们希望理解一个建筑或一个城市中展现的生活，我们就必须努力理解空间本身的结构。

　　我们现在将试图去发现理解空间的某种方式，这种方式以完全自然的形式产生了其事件模式，这样我们就能够成功地把事件和空间模式看成一体。

第五章

空间模式

　　这些事件模式总是同空间中一定的几何形式相连接的。实际上，正如我们将要看到的，每一建筑和每一城市根本上是由这些空间模式而非其他所构成的，这些模式是构成建筑和城市的分子和原子。

现在我们准备集中解决建筑或城市的最基本问题：它们是由什么组成的？其结构是什么？其物理本质是什么？构成空间的建筑要素是什么？

　　我们从第四章中知道了，任何城市和任何建筑，其特征是从经常不断出现在那儿的那些事件和事件模式获得的，事件模式同空间有着某种联系。

　　但到现在为止，我们还不知道空间的什么方面同事件相联系。我们还没有一幅建筑或城市的图景，向我们表明它们明显的结构——它看上去的方式，它的几何形状——是如何同这些事件相连接的。

　　假定我想理解某物的"结构"，想知道它意味着什么。

　　这自然意味着我想简单地勾画它的轮廓，把它作为一个整体来理解。

　　而这也意味着，一旦可能，我将用尽可能少的要素勾画出这个简单的图景。要素越少，它们间的关系就越丰富，这些关系的"结构"中所展现的图景就越多。

　　当然，最终我希望勾画一个图景，能使我理解不断出现在我寻找其结构的事物中的事件模式。换言之，我希望发现一幅图景或一个结构，将相当简明地说明我研究的东西的事件模式及其外部特质。

　　那么，什么是建筑或城市的基本"结构"呢？

　　粗略地说，我们从上一章大体知道了何谓一个城市或建筑的结构。

它由某些具体要素组成，每一要素都同一定事件模式相联系。

就几何层次而言，我们看到一些无尽重复的物理要素以几乎无穷的组合变化组合在一起。

一个城市是由住宅、花园、街道、人行道、商业中心、商店、车间、工厂，也许还有河道、运动场、停车场等组成的。

一座建筑是由不断重复的墙、窗、门、房间、天花板、凹角、楼梯、楼梯踏板、门把手、平台、柜台面、花盆等组成的。

一座哥特式教堂是由中殿、侧廊、西门、十字交叉耳堂、唱诗班席、龛、回廊、柱、窗、扶壁、拱、肋、窗花格组成的。

美国的现代大都会区是由工业区、快车道、中心商业区、超级市场、公园、独家住宅、花园、高层住宅、街道、干线、交通信号灯、人行道组成的。

每一要素都有与之相连的特殊事件模式。

家人生活在住宅中，小汽车和公共汽车行驶在街道上，花儿生长在花盆中，人们经过门，将门打开和关上，交通信号灯在变换，礼拜日人们聚集在教堂的中殿，当风吹过建筑时，风力作用在拱顶上，光线通过窗子照进来，人们坐在窗前观看景色……

但这种空间图景没有解释这些要素是如何或何以把自己同相当特殊和明确的空间模式联系在一起的。

教堂，作为一个要素和发生在其中的事件模式之间的联系是什么呢？它们有联系，这是千真万确的。但除非我们看到了某种通常意义的联系，否则，就等于没做任何解释。

仅仅轻而易举地说每一事件模式存在于空间之中当然是不够的。那是显而易见且意思不大的。我们希望知道的是，空间结构是何以支持事件模式的，如果我们把空间结构加以改变，我们将有可能预示出，这种改变会导致何种事件模式的改变。

总之，我们需要一个理论，以清楚明确的方式指出空间和事件的相互作用。

而且很使人困惑的是，这些看来像基本的建筑砌块的要素不断变化，每一次出现时都有所不同。

在这些不断重复的要素中，我们也看到了一种几乎无穷的变化。每一座教堂有稍微不同的中殿，不同的侧廊，不同的西门……在中殿中，各种壁洞互不相同，各个柱子互不相同，每个拱的肋稍有不同，每个窗子的花格和玻璃稍有不同。

在都市区域中亦是如此。每个工业区不同，每条快车道不同，每个公园不同，每个超级市场不同，甚至像交通灯和停车标志这种更小的独立要素，尽管非常相似，但绝不相同——总有式样的变化。

如果要素每次出现都不同，那么就证明了，它本身不是建筑或城市中的要素，这些所谓的要素不能是空间的终极的"原子"组成元素。

因为每座教堂都不同，我们称为"教堂"的所谓要素完全不是恒定的。给它一个名字只能加深困惑。如果每座教堂都不同，什么是保持我们称为教堂的相同的呢？

当我们说物质是由电子、质子等组成时，这是一个令人满意的理解事物的方式，因为这些电子每次出现的确看起来都一样，因此有道理表明物质如何由这些"元素"的化合物组成，因为元素是真正的元素。

但是如果组成一个建筑或一个城市的所谓要素——住宅、街道、窗子、门——仅仅是名字，它们涉及的基本的东西不断地变化，那么在我们的图景中就根本没有稳固性，我们需要发现另一些在变化中不变的要素，在某种意义上，我们可以把建筑或城市理解成这些要素结合物组成的结构。

因此，让我们更仔细看一看构成一个建筑或城市的空间结构，找出真正在那儿重复的是什么。

我们首先会注意到，在要素之上，存在着要素间的关系，它们也不断重复，正如要素本身的重复一样。

除要素以外，每个建筑是由要素之间构成的一定的关系模式所限定的。

在哥特式教堂中，中殿侧面与平行于它的侧廊相连。十字交叉耳堂与中殿、侧廊成直角，回廊围绕着后殿的外侧，柱子是竖向的，位于中殿和侧廊的分界线上。每个拱连接四个柱子，并具有独特的形状，平面交叉，空间凹进。扶壁在侧廊外像柱子一样中止在同一条线上，支撑着拱顶的荷载。正殿总是扁长的长方形，比例从 1∶3 到 1∶6 不等，但绝没有 1∶2 或 1∶20。侧廊总比中殿窄。

每一个都市区，也总是由一定的要素间的关系模式限定的。

考虑一个典型的美国 20 世纪中期的大都会区。靠近中心地带，有中心商业区，其中包括密度非常高的办公楼，附近有高密度的公寓。城市的整个密度按照指数法则，随远离中心距离的增大而降低，间歇地又有密度高峰，但比中心的要小，作为它们的附属，还有更小的高峰。

每一密度高峰容括较高密度住房环绕的商店和办公室。靠近大都会外沿，有大面积的独立单户住宅，越远离中心，它们的花园越大。大都会区是由高速车道网服务的。这些快车道在中心紧连在一起。与快车道相独立，有一个大致规则的街道平面网。每五条或十条街道中，有一条更大的作为干线的街道。有几条干线比其他的更大，趋于放射布置，以星状方式从中心伸展出去。干道和快车道交会处，有一种独特的立体交叉布置。两个干道相交处，有交通灯；狭窄街道和干道交会处，有停车指示牌。主要的商业中心同密度分布高峰相一致，都布置在主要干道上，工业区都在快车道半英里之内，旧的工业区至少接近一条主要干道。

那么，很明显，一个建筑或一个城市的"结构"大部分由关系模式组成。

无论是洛杉矶城市还是中世纪教堂，都从这些重复的关系模式中获得了它们各自的特征，如同它们从要素自身获得的一样。

初看起来，这些关系模式同要素相分离。

想想教堂的侧廊，它平行并紧挨着中殿，同中殿共有柱子，东西走向，如教堂本身一样，在内墙上有柱子，外墙上有窗子。初看起来，这些关系是"多余的"，在侧廊存在的事实之外的。

当我们仔细看时，我们意识到这些关系对于要素不是多余的，是必需的，实际上也是要素的一部分。

比如，我们意识到，如果侧廊不平行于中殿，不靠近它，不比它更狭窄，不和中殿共用柱子，不自东向西……它就根本不是侧廊了。它仅会是在哥特式建筑中一个自由浮动的长方形空间……而使它成为侧廊的正是它和中殿及其周围其他要素的关系模式。

当我们再细看时，我们意识到，甚至这种看法也还是不准确的，因为不单是把关系加到要素上是正确的，事实上要素本身就是关系模式。

一旦我们认识到，我们想成"要素"的东西事实上在于它和周围其他东西的关系模式，我们就进入了第二个更深的认识，所谓要素只不过是神话，实际上，要素并不单是置于关系模式中，而它本身完全就是一个关系模式，而非其他。

总之，需要以中殿和东窗的关系模式来限定的侧廊本身也是许多关系的一种模式，它是长、宽、中殿边沿柱、外沿窗等之间的关系模式。

最后，看来像要素的东西终结了，而后留下了一个关系网。而这关系网，实际上是本身重复的东西，它给予建筑或城市以结构。

总之，我们可以完全忘却房屋由要素组成的概念，而承认深一层的事实，所有这些所谓的要素只不过是真正在重复的关系模式的标记。

作为一个整体，快车道并不重复，但事实上以一定的间隔连接快车道和干道的立体交叉却是重复的。快车道与其相交的干道和立体交叉道间存在着一定重复的关系。

但是，又一次，立体交叉本身并不重复，每个交叉道是不同的，所重复的是每一车道形成一个连续的从弯到直的曲线——其曲率和切线之间存在着一种重复的关系。

而又一次，在这种关系模式中出现的"车道"并不重复。我们称作车道的本身也还是更小的所谓要素——道路的边缘、表面、形成边缘的线等之间的关系，尽管它们的功能是暂时作为要素，以使这些关系清晰，当我们仔细分析它们的时候，它们便自行消失了。

这些模式的每一个都是一个形态法则，这些法则在空间中建立了一系列关系。

这一形态法则总可以以相同的方式表达为：
$X \rightarrow r$ (A, B, …)，即：
在 X 型关联中，部分 A，B，…和关系量 r 相关。

例如：

在一个哥特式教堂中→中殿两侧是平行于它的侧殿。

或：

快车道和干道相交处→转换的坡道都采取类似苜蓿叶的形式。

每一法则或模式本身在其他法则中也是一种关系模式，而这一模式本身又是一种关系模式。

每一模式本身明显地由更小的看起来是局部的东西组成，当然，当我们深入考察时，我们看到了这些明显的局部也是模式。

例如，我们叫作门的模式，这个模式是门框、铰和门扇之间的关系，这些局部依次由更小的局部——柱、横挡、交榫、线脚等组成：门由梃、横挡和板组成；铰由叶和钉组成。而这些我们称作局部的东西实际上本身也是模式。各个局部的形状、色彩和准确尺寸可以千变万化，但却从不改变各自之所以成为各自的基本关系场。

模式不仅是诸关系的模式，而且是其他小一层的许多模式之间的诸关系的模式，而这些较小模式本身再有更小的模式把它们编织在一起，直至最后我们看到，世界完全是由所有这些编织着、连锁着的非物质模式组成的。

而且，空间中的每一模式都有与之联系的事件模式。

例如，由规则限定的快车道的模式包含了一定的事件结构，驾驶者以一定速度驾驶；存在着控制人们转换路幅方式的规则，车都是同向行驶，有一定的超车法，在驶入口和驶出口开得慢一些……

厨房的模式，在任何给定文化中也包含了一个非常确定的事件模式：人们使用厨房的方式，准备食品的方式，在那儿吃饭或不在那儿吃饭的事实，站在洗涤盆前洗碟子的事实……

当然，空间模式并不"引起"事件模式。

事件模式也不"引起"空间模式。空间和事件一起的整体模式乃是人类文化的一种要素。它由文化创造，由文化转换，并仅仅固定于空间之中。

但每一事件模式和它所出现的空间模式之间有一基本的内在联系。

空间的模式恰恰是允许事件模式出现的先决条件和必要条件。在这个意义上，它充当了一个主要的角色，保证了这一事件模式在空间中持续不断地重复，使它能够赋予建筑或城市以特色。

例如，回到第四章的门廊，以及我们说的"坐在门廊中观看世界的流衍"的事件模式。

空间的哪方面与事件模式相联系呢？自然不是整个门廊，而是一定的特殊关系。

例如，欲使"观看世界之时光流逝"的事件模式发生，首要的是门廊应稍高出街道平面，并有足够的深度，让一群人舒服地坐在那儿；当然廊前应开敞，设开口，因而屋顶就得支在柱上。

这一系列关系是最基本的，因为它们直接和事件模式相一致。

相形之下，廊子的长度、高度、颜色、构成它的材料、边墙的高度、廊子同房子内部的联系方式就是次要的了。因而，它们可以变化，无须改变廊子的基本性质。

同样，空间中每一种关系模式是和某一特殊的事件模式相适应的。

我们称作"快车道"的关系模式正是快速驾驶并限制接通支路出入口数的过程所需的关系模式，总之是事件的模式。

我们称作中国"厨房"的关系模式正是需要制作中式食品的关系模式，它也是事件的基本模式。

在不同种类的厨房范围内，存在着不同的关系模式，它们在有着不同的烹调模式的不同文化中，对应于略为不同的事件模式。

在每种情形中，空间上的关系模式是那种以某种事件模式重复自身的不变的关系，因为它确是支撑事件模式所需要的。

而后，我们认识到，正是空间中的事件模式，在建筑和城市中重复，而别无其他。

建筑或城市中所发生的事件没有比限定于本身重复的模式之中的事件更重要的了。

模式所做的是抓住外部的物理几何形，同时又抓住在那儿发生的事件。

它们完全说明其几何结构：它们是在那里重复、连贯的、可见而一致的东西，它们是使每一具体要素稍有不同的变化的背景。

并且，它们同时也同那些重复发生的事件呼应，并因此极大地赋予了建筑或城市以特征。

每一建筑从不断重复的模式中获得其特征。

这不仅适用于一般的模式，也适用于整个建筑：其所有细节，房间的形状，装饰的特征，窗玻璃种类，地板，门上把手，灯光，高度，天花板变化的方式，窗子与天花板的相对关系，建筑同花园与街道的连接，以及其周围的空间和小路，具体的坐椅和墙的连接。

每个邻里也像它们一样，是由不断在那儿重复的模式所限定的。

同样是那些由模式限定的细节赋予邻里以"特性"，它具有的街道性质，房屋用地的性质，房屋的典型尺寸，房屋连或分的方式等。

在一个地方你所记住的特点并不是很特殊的，而是典型的、经常发生的、有特征的特点：威尼斯水道；摩洛哥城市的平屋顶，果园中水果树的空间，伸向大海的海滩斜坡；意大利海滩的阳伞，宽阔的人行道，边道咖啡馆；巴黎的筒形广告牌和小便所；路易斯安那州农场住宅周围的所有路上的外廊……

使巴黎成为一个特殊场所，使百老汇大街和时代广场激动人心，使威尼斯独具特色，使一个 18 世纪的伦敦广场如此恬静、清新的特质，实际上也就是给予环境以你所喜爱的特征的特质，乃是其模式。

牛棚从其模式中得到其结构。

它有一定的总的体形。大致是一个长方形，有一个储存干草的中心部分，旁边的侧廊是牛站的地方；中心和侧廊之间有一排柱子，沿着这排柱子是供牛吃草的饲料槽；一端有个大门或双门，也许通道的另一端有一个较小的门，以便牲畜进出。

昂贵的旅馆也从其独具的模式得到其结构与特征。

小桌子，每桌有几把椅子，桌子上有单独的小灯；入口处最前面的接待者的桌子，上面设置的灯及放置接待簿的地方；内部也许是暗的、红的、深颜色的，常常没有窗子；回转门通向厨房……

威尼斯从其模式中获得其生活和结构。

众多的岛屿，典型的宽1000ft，密集的住房，三至五层，正好面向河道；各岛在中心有一广场，广场通常有一教堂；狭小曲折的小路穿过岛屿；这些小径越河的拱桥，住房敞向河道和街道，（考虑水面变化的）河道入口的踏步……

威尼斯是特殊的地方，只因为它有这些事件模式在其中，正同所有空间中的这些模式相吻合。

伦敦也从其模式中获得其生活和结构。

首先在区域层次上：自治城市独特的密集体，内环上的主要火车站独特的位置及其向外辐射的铁路，在边沿的工业的独特位置。而在下一个较小的层次上，有独特的半独立的"别墅"区，独特的火车站内部细节。其中心带有椭圆的或长方的绿化的广场，环形路的使用，左向行驶的交通。而再细处：典型的行列住房的室内布局，英国特征的加油站，伦敦俱乐部，里昂、马可和斯潘塞俱乐部，桥上和火车站外的广告牌的形状、高度和位置，以及它们独特的形状和高度。然后更细处：特殊的楼梯栏柱，乔治王朝的住房对两英寸砖的使用，浴室面积和住房面积的比率，同典型的美国住宅相比，步道薄砖的使用。而后是所有这些中最小的细节：英国排水口的特殊形状，英国钢窗的把手式样，电杆绝缘体的形状。

在每种情形中，模式再次限定了所有发生在那儿的事件。所以作为一种生活方式，"伦敦"完全依赖于伦敦人所创造的、充满了与模式相一致的事件的模式。

而所有这些中，最突出的乃是组成建筑或城市的模式数量甚少。

我们可以想象，一个建筑其中有一千种不同的模式，或者一个城市有几万种……

但事实上，一个建筑基本由几十种模式限定的，而且像伦敦或巴黎这样巨大的城市最多由几百种模式限定。

总之，模式有巨大的力量与足够的深度；它们有能力创造一个几乎无穷的变化，它们是如此的深入、如此的普遍，以致可以以成千上万种不同的方式结合，达到了这样的程度，即当我们漫步在巴黎，我们多半被这种变化所淹没；存在着一些深层不变的模式，隐于巨大的变化之后，并产生了巨大变化，这一事实真令人震惊。

就此意义而言，也许模式比起目前已弄清的讨论还更深、更有力。用一部分模式可以产生一个巨大的、几乎是无数的变化；而一个复杂和变化的建筑实际上是由少数模式产生的。

它们是人造世界的原子。

在化学中，我们知道，世界就其所有复杂性而言，是由 118 种元素或不同数量的原子化合而成的。这是一个使初学化学的人惊愕的特殊的事实。这些原子反复变化的观念远不同于我们曾经想过的小的台球，我们知道它们是粒子和波的交换，甚至最基本的粒子——电子本身在宇宙事物中是"波动"，而不是"东西"。然而，所有这些变化的观点并不改变这样的事实，在原子出现的尺度规模上，它们是作为可统一的重复整体出现的。甚至这种巨大变化出现了在物理学中，有一天我们会认识到这些所谓原子也仅是更深领域的波动，那种存在着某种整体同我们曾经叫作原子的东西相对应的事实还将保持。

正因如此，我们现在意识到，在城市和建筑的更大尺度上，世界也是由一定的基本"原子"组成，每一地方由几百个模式组成——其所有惊人的复杂性最终只来自这很少的模式的结合。

当然，模式因场所而变、因文化而变、因时代而变。它们都是人为的，都依赖于文化。但在每个时代和每一地方，我们世界的结构基本上还是由保持一次又一次重复发生的一些模式的集合所赋予的。

这些模式不是像砖和门那样具体的要素——它们相当深入、相当不固定——而且它们是在表面之下的，始终组成了建筑和城市的实体物质。

第六章

有活力的模式

　　组成建筑或城市的特定模式可以是有活力的，也可以是僵死的。模式达到了有活力的程度，它们就使我们的内部各力松弛，使我们获得自由；当它们僵死时，它们便始终将我们困于内部冲突之中。

现在我们知道了，每一建筑或每一城市是由在其结构中重复出现的模式组成的，它们也正是从这些组成它们的模式中获得其特征的。

通过直觉我们明显地看到，一些城市和建筑充满生活气息多一些，另一些城市和建筑则少一些。如果它们都是从组成它们的模式中获得其特征的，那么此地有而彼地无的更大的生活气息也必是由这些模式所创造的。

在本章及下一章中，我们将看到一些模式是如何创造这种特殊的生活气息的。

它们首先靠解放人而创造了它，它们通过允许人们释放他们的能量，通过允许他们自己变得有生气，创造了生活。而另一些地方，它们通过产生使人们不可能自由的条件阻止了它，破坏了生活气息，破坏了生活的真正的可能性。

现在让我们试着理解这一作用的机制。

当一个人全神贯注，忠实于自己，忠实于自己的内力，并能顺应他所在的自然情形自由活动之时，他是有生气的。

这是已在第三章中表述的真理的核心。

就此而言，快乐与活跃几乎同义。当然，一个活跃的人并不总是感觉愉悦含义上的快乐的；喜悦的体验是和忧伤的体验平衡的。然而一切体验都是被深刻感受的；而且最重要的是，人是完整的；存在的意识是真实的。

在这种意义上，有生气不是抑制一些作用力或趋势，而以另一些为代价；它是一个人内心呈现的所有作用力得以表现的存在状态；他生活在内心呈现的作用力的平衡之中；呈现的作用力模式是独特的，因而他是独特的；他处于平衡之中，因为不存在由那些无路宣泄的潜在作用力所产生的干扰，他自身和环境是一体的。

这种状态仅靠内部作用是不能达到的。

存在着一种时时传播的荒诞的说法，为了像这样有生气，一个人只需内省，一个人完全负责他自己的问题，而且为了纠正自己，他只需改变自己。这种说教有些道理，因为对于一个人来说很容易想象他的问题是由"别人"的问题所致，但这是一个片面错误的观点，保持着一种倨傲的信念，认为个人是自我依存的，不以任何重要方式依赖于其环境的。

事实上，个人乃是由他的环境塑造的，其协调状态完全依赖于他同环境的协调。

某些物理和社会环境有助于使人活跃，另一些则使生活很困难。

例如，在某些城市中，工作场所和家庭之间的关系模式帮助我们的生活活跃。

车间同住房相混，孩子们围绕正在工作的场所奔跑，家庭成员帮助工作，家人可能在一起吃午饭，或者同在那里工作的人们一起吃午饭。

家庭和娱乐是一个连续的部分，有助于每个人的成长。孩子们看到了工作是如何进行的，他们知道了使成年世界起作用的是什么，他们获得了事物整体连续的观点；男人们有可能把玩、欢笑、照顾子女的可能性和工作连接起来，心中不必把它们截然分开。男人和妇女多少可以平等地工作和照看家庭，正如他们所希望的；爱和工作相连而能成为一体，为生活在那儿的人们所理解和感受。

在另外的城市，工作和家庭生活基本分离，人们被不能逃脱的内部冲突折磨着。

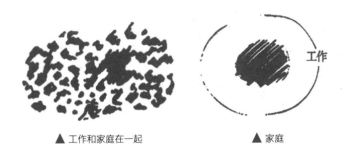

▲ 工作和家庭在一起　　　　　　▲ 家庭

一个男人既想在工作中生活，又想靠近家庭，但在工作和家庭相分离的城市中，他被迫在这些希望中作出无法忍受的选择。在他工作完毕回家的最疲劳的时刻，他面临着同其家庭的最大的感情上的压力。他把妻子和儿女的微妙的认同同"娱乐"和"周末"混淆起来了，而不是和日常的生活事务相联系。

一个妇女希望成为一个有生气的妇女，抚养她的儿女，同时也希望参加外部社交，同"时事"相关联。但是，在一个工作、家庭完全分开的城市中，她被迫进行无法忍受的选择。她或者成为一个旧时的"家庭主妇"，或者成为一个过时的有男子气的"职业妇女"。那种既体现了她的女性特征，又在家庭之外有个职位的可能性对她来说几乎丧失了。

一个少年想接近他的家庭，又想了解并探索世界的进展，但在一个工作和家庭分离的城市中，他也被迫作出无法忍受的选择，或是受抚爱于家中，或是做一个可以体验世界的闲荡者。两种需要无法调合，最终他很可能要么成为一个使自己完全同家庭的爱相分离的不良少年，要么做一个过紧依偎母亲的孩子。

同样，一个处理得很好的庭院有助于人们在里面生活得活跃。

设想庭院中各力起作用的情况。最基本的是，人们寻求某种私密的室外空间，在那里他们可坐在蓝天之下，夜晚仰观星群，白天沐浴阳光，种植花木。这是显而易见的。但也有更微妙的作用力。例如，假若一个庭院太封闭，向外没有视线，人们就感觉不舒服，倾向离开……他们需要看到外面更大、更远的空间。而且人是有一定习惯的，如果他们每天在他们正常生活的进程中，进出于庭院，庭院就变得可亲了，成了一个很自然的去处……庭院是被使用着的。但是一个庭院若只有一条通路，一个你想去时才去的地方，它就是不可亲的地方，就趋于空闲……人们多去那些可亲的去处。再如，突然从内部直接迈向外面会有某种不连贯的感觉，微弱但足以影响你。如果有一个有顶但却开敞的外廊或走廊的转换空间，这转换空间就是一个室内、室外间的心理上的过渡，它更自然地把你从室内带出而进入庭院。

如果一个庭院可外眺较大的空间，有各个房间穿越的通路，有雨篷或侧廊时，这些作用力可以自行疏解。向外的景致使其舒适，通路有助于在那儿产生一种习惯感，雨篷使人们容易更经常地进入……庭院逐渐就成了一个舒适习惯的场所。

但是，在一个没有开口、雨篷和通路等模式的庭院中，就会有矛盾着的作用力，而无人能为自己疏解它们。

 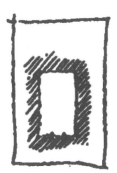

▲ 有生气的庭院　　▲ 僵死的庭院

例如，设若一个各边皆墙、内外无过渡空间，只有一条通路的僵死的庭院。

在这个地方，作用力是相冲突的。人们想走出来，但使他们寻找一个通向室外的过渡空间的懦怯妨碍了他们。他们想待在外面，但幽怖的特质和幽闭感又将他们送了回来；他们希望待在那里，但是缺乏经过庭院的通路，使庭院成了僵死的、很少有人光顾的场所，它并没有吸引住人们，相反却满布落叶闲草。这并没有帮助人们活跃，相反，只引起紧张，使他们灰心，并使他们的冲突永远存在。

甚至一个窗子也会发生同样的情形，"窗前空间"有助于使人活跃。

每个人都知道，房间若有凸窗或窗座，或紧靠窗子的某种壁架，或全是玻璃的小凹室时是多么美。其中有这些设施的房间特别美的感觉不仅仅是奇趣，它背后有着基本的有机的缘由。

当你在起居室待上一段时间，就有许多力作用于你，其中两个如下：

（1）你有向光亮去的趋向，人生理上是向光的，所以常常习惯待在亮处。

（2）如果你在房间中待上任何一段时间，你就会想坐下，舒展自己。

在至少有一个窗子作为"空间"的房间中，也就是有一个窗座或凸窗，或是有一个宽大的低窗台的窗子（吸引你把喜爱的椅子靠近它，因为你可以很容易地看到外面），或是一个靠着窗子的特殊的壁架，或全是玻璃的小凹室这样的房间中，两种作用力你都可以满足，你可以自己解决冲突。

总之，你可以舒适。

而一个没有窗前空间，窗子只是个洞口的房间却引起一个我无法解决的内心冲突。

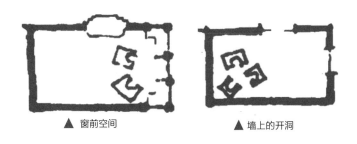

▲ 窗前空间　　　　　　　　▲ 墙上的开洞

如果窗子仅仅是墙上的洞口，没有相应的活动空间，一个力把我拉向窗子，而另一个力则把我拉向房间的舒适的椅子和桌子的原本"场所"。只要我在房间中，我就受到这两种力的推拉；我无法摆脱它们给我心中造成的内部冲突。

房间有窗前空间时，房间是美的，这种本能的认识并不是美学狂想，它是这一事实的直觉表述，没有窗前空间的房间充满着实际的、易感受的、有机的强力；有窗前空间的房间就没有这一张力，从简单的有机观点看，它是较好的生活场所。

在这些情况中，有一个让我们得以为我们自己疏解矛盾的模式的例子，也有一个阻止我们的模式的例子。

在各个情形中，第一种模式允许我们为我们自己解决我们的作用力，它未强加于我们任何东西，仅允许我们解决我们的自在的作用力。

另外，第二种模式阻止我们疏解我们的作用力，它使得我们不可能找到一个将允许我们疏解我们内力，使我们完满的活动。我们如被困之鼠，东转西转，寻求出路，寻求某种可以使我们自己完满的活动。我们不能找到同我们家庭保持一致的工作方式，我们不能在庭院中自得其乐，房中没有窗前空间，甚至不能舒畅地坐下来，这些环境不会让我们随己之所欲处于和平的境界，而是处于持续的应力之中。

当然，应力和冲突是人生正常健康的一部分。

在一天之中，我们不断地遇到冲突或问题：每一次身体进入了"应力"状态，动员自身，应付冲突，解决冲突。

这种效应是生理的。在我们的体内，在产生应力的特殊的生理机制。它在我们之中，产生了准备的高度动员状态，那种我们有了超量的肾上腺素、较多的警觉、较快的心跳、较高的肌肉弹性、较多流向大脑的血液、较多精神警觉的状态……这种高度的警觉状态就是当我们遇到困难或冲突，以及任何我们必须给予反应、解决的某个问题，面临的某项挑战……情形时所产生的、我们称作"应力"的状态。

在正常的条件下，当我们解决了困难、对付了威胁、疏解了冲突时，应力随即消失，一切恢复正常。就此正常而言，应力和冲突是每天生活的普通健康的一部分，若是一个有机体只能存在于全然没有冲突和挑战的环境中而没有应力，那么它将衰退、死亡。

但妨碍我们疏解冲突力的模式，几乎永远使我们处于应力状态中。

因为，如果我们住在工作和家庭生活分离，或我们与庭院相违，或窗子仅仅是洞口的世界里，我们便始终体验到这些内部冲突力而不会停息下来。我们生活在这样形成、这样建构的世界中，是不会通过任何办法来战胜应力、解决问题、摆脱冲突的。在这种世界中，冲突不会消失，它们与我们共存，使我们烦恼不已，使我们紧张……应力的建成不管多么次要，却总是同我们共存。我们始终生活在较高的警惕、较高的应力、较多的肾上腺素的状态之中。

而后应力完全不再是功能的了。它成为系统的巨大负担。进入应力状态的有机能量已部分"使用掉"，如果它们永远处于这种状态中，我们给予反应、处理真正的新问题、危险和冲突的能力就下降了，因为有机体正在不断被持续的应力状态所消耗。

因此，一方面"坏"的模式——不起作用的窗子，僵死的庭院，位置不好的工作场所，不断施力于我们，损害我们，影响我们。的确，就这样，我们环境中每一坏的模式不断地损害我们，削弱我们，降低我们应付新挑战的能力，削弱我们生活的能力，帮着置我们于死地……

而另一方面，相应的"好"的模式，当它们正确地形成时，帮着我们活跃，因为它们让我们得以自我疏解冲突。遇到它们时，我们总保持清醒来面对新的遭遇、新的问题……我们不断在更新，不断在增添活力。

因此，很清楚，许多模式在决定我们在任何给定场所之中唤起生气的程度上扮演了一个具体而客观的角色。

大凡为人们能够自我疏解所体验到的冲突创造条件的模式，会减少人们的内部冲突，帮助人们处于能够应付更多新挑战，能够更加活跃的状态。

反之，创造人们在其中体验到冲突而不能自行疏解的条件的模式则增加人们的内力，减小他们解决其他冲突、适应其他挑战的能力，因此使他们较少活动，更死气沉沉。

但模式不仅仅是帮助我们生活的工具：它们自己也

有有活力和无活力之别。

因为，视模式为活力的赋予和活力的破坏的概念，比起它应有的价值来，走得还不够远。前几页的讨论说得似乎只有对我们好的模式才是一个好模式。这种观点以其简单化形式又会把人引向曾贻害非浅的以人为中心的世界观。而且，最终将导出这样的问题——如果它好就是对我们有利，那么我们必须决定我们想要什么，作出一切由此引出的决断。

现在，我们该认识到了，环境中这种让我们成为我们自己的无名特质不是，而且不可能是用力求其"为"人而创造的。

好的模式之所以好，是因为每一模式本身达到了无名特质的某种程度。

毕竟，对我们好的判据绝不是模式的普遍判据，因为很明显，有许多模式，特别是关系到大海、沙漠、森林不断和谐演进的模式，对我们根本没有直接的好处。

如果模式好的唯一判据是它对我们有好处，那么我们就不得不根据能否得到鲜美的鱼来判断池中的涟漪，或是否喜欢撞击声来判断拍岸惊涛，这将是荒谬的。

某些模式全然是在自身中、在适当关联中——在这些关联中它们本质上是活跃的——得到疏解的，是这使它们成为好的模式。这一点对海涛的模式正确，对住宅庭院的模式也一样正确。

设想风吹过的沙地上的细波。

风以任何给定的速度吹过，它吹起沙粒，并把它们吹走几英寸。它把较小的沙粒带得较远，较大的沙粒带得较近。而任何一块沙地总有些凹凸不平，有沙略为高起的地方，风吹过时，自然是这些小边缘上的沙粒被吹起、吹开。因为任何给定风速下，风把所有沙粒带起大致相同的距离，逐渐沉积了第二个边缘，同第一个保持一定距离，并与之平行。这第二个边缘形成之后，也特别易受风吹，所以沙粒又一次从缘顶吹成另一个边，又是同样距离，依次下去……

这种模式是一个可识别且恒定的模式，因为它是关于支配风沙之法则的真理。

在适当的关联中，这种模式一次又一次创造并再创造它自身。一旦风吹过沙地，它便创造和再创造它自身。

它的好处来自它真实于自己内力这个事实，而不是来自任何特定的目标意识。

同样的情形会发生于植物、风和动物完美平衡的园林中。

例如，设想果园的一角，太阳温暖着大地，瓜果生长着，蜜蜂把花粉传给苹果花，蚯蚓将空气带给土壤，苹果叶使土壤肥沃……这种模式自身重复于上千个园林中千百次，总是一个生命的源泉。

但是模式的生命不依赖于它为"我们"做了什么事情——全然依赖于其中一过程帮助延续另一过程，作用力和过程的整个系统保持自身继续不断运行演变，而不产生致其破裂的多余的力的那个自我维系的和谐。

总之，说这些模式是有活力的和说它们是稳定的，多少是相一致的。

把第二章中侵蚀的山谷同这些模式相比较。山谷是不稳定的，它破坏自身，它自己的活动逐渐破坏自己。而这些模式具有那种自己的活动帮助保持自己活跃的特质。

你也许想知道癌症如何。癌症是稳定的，它自我保持，这在"小范围"是确实的。但是它只保持自身。因为，为了保持自身，最终它必须破坏它周围的、它所生存的特定的有机体，它通过帮助破坏其环境，最终也破坏了它自身。

尽管没有任何东西是完全稳定的，这是对的，每个事物最终都会变化也是对的，但还是存在着很大程度上的不同。从长远看，活的模式会自我保持，因为它们不去做任何破坏自己直接环境的事，从短期看，它们不做毁坏它们自身的任何激烈的事。在可能的范围内，它们是有生气的，因为它们是如此协调，从而通过自己内部结构，自我支持，自我保持本身活跃。

而且这也发生在人的模式中，它们的特质不依赖于目的，而依赖于内在的稳定。

设想两种人的模式。一方面，注意这样的情况，某希腊村庄街道有一条画在每个房子外面的、四五英尺宽的白粉墙带，人们可以把椅子拉到街道上，拉到半属于他们半属于街道的领域，这样来为周围的生活作贡献。

另一方面，注意洛杉矶的室内咖啡馆离开人行道以防食物被污染的情况。

这两个模式都有一个目的，一个是通过标明使街道生活成为可能的领域，允许人们为街道生活作出贡献，并成为街道生活的一部分，以达到他们所希望的程度。另一个是通过确保他们不会吃到有尘土落于其上的食物，达到保证人们健康的目的。但一个是活的，另一个是死的。

一个像沙地的波纹保持自身并调和自身，因为它是同其内力协调的；另一个只能通过法律效力来维持。

白墙带同人们生活的力及其感觉如此一致，以至于白墙变脏或变旧时，人们自己会照应它，因为模式深深地和他们的体验联系在一起了。从外面看上去，白粉墙就好像魔术一样保持自身。

洛杉矶的室内咖啡馆几乎相反，它不是和人们的内力相一致的，它必须靠作用力、靠法律效力来维持，因为在其自身力量影响下，它会逐渐退化以致消失，人们春天想在室外，想在露天喝啤酒或咖啡，看看周围的世界。但他们却被公共卫生法关在咖啡馆中。这种情形是自毁的，不仅因为法律一旦消失，它就会改变，而且就更微妙的意义而言，它不断产生内部冲突，那些我前面说的应力的存积，它们不久会像巨大的沸腾一般涌出，并以某种其他的破坏形式或者拒绝同情境相协作的形式而渗出来。

总之，当一个模式允许其自身内力自我疏解时，它就是有生气的。

当一个模式对提供那种可以自我疏解的框架无能为力，于是不能疏解的力的作用破坏了这一模式时，它便死去。

这就是上述两例模式的区别，显然，两者都基于人的"目的"，但却是截然不同的。

而这就说明了促使人们使用的庭院模式的重要性。

有活力的庭院所具有的自我保持的特征是其生活的精华。

随着时间的流逝，有活力的庭院也在成长，越来越多的事件发生在那儿，因为人们乐意在那儿，他们在那儿种花，并加以照料，他们不断给家具涂漆。甚至其他人没在的时候，你走到那里，也会"感觉"到生活的存在，因为你可以感到人们在照管它。

但是另一个无生气的庭院，随着时间的流逝，越加被人遗忘。没有人乐意到庭院里来——于是漆脱落了，沙砾之中有了种子，甚至矗立在那的雕塑看起来也有点成了负担。作为整体的庭院慢慢荒废死亡了。

于是，我们看到了，有活力的庭院，其完整性并不依赖于外在于庭院的、由你、由我、由生活在那里的人们虚构的任何人的价值，而只是内在于本身组织的事实。

现在我们看到了论辩之环是怎样自我封闭的。

在我们自己的生活中，当我们最紧张、最高兴、最专心致志时，我们就有这种无名特质。

当我们允许我们所体验到的力在我们之中自由作用、互相掠过时，当我们能够允许我们的力摆脱那些和我们对立的冲突时，无名特质就会出现。

但是，当我们在模式亦使其作用力松弛的世界中时，这种自由、这种平衡在我们之中极易出现，因为当我们自己的力非常自由地作用时，我们就是自由的，于是当我们所在的地方的作用力（包括在我们中的力）自由、自我疏解时，这些地方也是自由的。

我们之中的无名特质，我们的生气，我们的生活热望直接依赖于世界中的模式以及这些模式本身具有的这种特质的程度。

有生气的模式在我们之中解放了这种特质。

而它们在我们之中解放这种特质，根本上是因为它们自己有这种特质。

第七章

有活力模式的复合

一事物（房间、建筑或城市）中有活力的模式越多，就越可以作为一个整体唤起生活；它越光彩夺目，就越具有这无名特质自我保持的生气。

但凡一个模式有活力，它便疏解自身的诸作用力，它自我保持，自我创造，而且其内力不断地维持自身。

现在我们将看到，这只是通过城市或建筑中模式互助相持，并以每个有生气模式自身扩展而产生的一个更一般的作用的特殊情形。

把"建筑"视为许多模式共存的一个系统。

比如，假定某一建筑由 50 个模式组成。

这些模式总体上限定了这一建筑。它们限定了它的大体组合、房间的布置、天花板的组合方式、窗子的典型位置、建筑的竖起方式，其基础、屋顶、窗子及装饰。对于所有的意图和目的来说，这 50 个模式限定了建筑的物理结构，而且它们对一次次发生在建筑中的事件（人的事件和非人的物理事件）负责。

这 50 个模式本身可以是活的，也可以是死的。

或者，更确切地说，其中每一个相对来说较有活力，或较无活力。当然，这是一个程度问题，但无论如何这 50 个模式可以说是相对稳定和自持的，或相对不稳定和自毁的。

试想其中一些模式较"无活力"时，会发生什么。

每一个"死"的模式不能控制其内力，不能保持它们之间的平衡。于是，这些力就渗出了模式所在的范围，而开始侵及其他模式。

例如，试想在梁柱交接处没有托梁或柱帽的梁柱结构模式。

每一结构在任何给定的承载模式之下都有着分布于整个结构的不同的应力集中。某些点，由于它们的构形，会有很高的应力集中——柱和梁直角连接便是一例。在这些构形中，应力集中一旦超出了材料极限，就会出现小裂缝。裂缝自这点扩展开去，削弱了周围其他点的结构，到这种程度为止，系统的自毁性质还完全是机械力的。但现在一种新的作用开始了。小裂缝通过毛细作用吸收了水，水进入材料，进一步损坏其承载力。寒冬到来，水冻结、膨胀，更进一步损坏。下一次，荷载在损坏区产生应力集中，它们再进一步破坏，结构便更进一步破裂。

或者试想一个过于封闭的庭院的模式。

有活力的庭院是宜人的，我们可以在我们想出去时，到庭院里去，庭院得以照顾，我们越发乐在其中；我们是轻松自由的，不管我们是出到庭院，还是待在室内。

僵死的庭院全非如此。我们很想出来，但却受到阻挠，因为庭院本身将我们推开。但我们似乎仍然需要出去，作用力还留在我们内心，可是得不到解决。我们无法为自己疏解这种状态，未解决的冲突潜伏着，产生了应力。第一，它缩小了我们解决其他冲突的能力，使未解决的作用力蔓及另一状态。第二，如果作用力确是蔓及没有它合适出口的另一状态的话，它也许会产生更大的张力。

比如，假想到外面的人不在院中，而是坐在卡车经过的路边。好，就这样，那么一个小孩也许会受伤。或者，尽管小孩并没有伤着，母亲却为此担心叫喊，而把连续的紧张感传递给小孩，从而破坏了他的玩耍……影响总会以这种或那种方式波动出来。

你会说——这个，人们可以适应。但在适应过程中，他们破坏了他们自身的某些其他部分。我们善于适应，这是不错的，但我们也会适应到毁坏我们自己的程度。适应的过程是有代价的。例如，小孩子可以用转向读书来适应。在街上玩耍的愿望现在是对危险、对母亲的叫喊让步。但现在他不再活力充沛，丧失了四处玩耍的愿望。他适应了，但他已通过被迫这样做，使他自己的生活更贫乏、更不完整了。

"坏"的模式不能保持住发生在其中的力。

结果这些作用力漫及其他一些邻近的系统。柱梁连结中的裂缝很快导致墙体中水的损害。失败的庭院使孩子们想在街上玩耍，引起了街道上的应力和危险。

但这些力同样使其他邻近的模式失败。街道模式不能作为儿童玩耍的场所，于是，突然间，没有这个作用力，也许处于平衡的一个街道模式本身成了不稳定和不适当的了。

而墙与梁连接的模式——原来并未考虑应付上部梁中滴水——突然也不稳定和不适当了，因为它试图平衡的关联和力已经改变了。

最终，整个系统必然崩溃。

这些最初不稳定模式溢出的作用力所引起的微小的应力，首先波及邻近的模式——而后蔓延更远，因为这些邻近的模式也成为不稳定和破坏性的了。

自我创造的、作用力平衡的精细的构形出于某种原因被打断，被阻止出现，并被置于一个构形不再能自我创造的状况之中了。

那么，在这个系统中的力将怎样呢？

只要自我创造的、平衡的构形存在，诸作用力就是平衡的。

但是，一旦构形不再平衡，这些作用力就留在系统之中，无法疏解、失去控制、失去平衡，直到整个系统最终崩溃。

相反，假定组成建筑的 50 个模式都是有生气和可以自我疏解的。

这是正好发生相反的情况。每一模式包含并保持它所必须应付的作用力，而且系统中没有其他的力。在这种情况下发生的每一事件都得到疏解，作用力都活动起来，并如实地在模式中自我疏解。

每个模式帮助维持其他模式。

无名特质的出现，不是在一个孤立模式出现之时，而是当整个相互依赖的模式系统在许多层次上全都稳定和有生气之时。

如果把松沙暴露在风中，我们随处可以看到沙波。

而当风吹过大海，吹过内陆沼泽，沙浪保持在两者之间的沙丘上，矶鹬走出，沙蚤跳跃，沙丘的迁移由养育自己和矶鹬的草所制止之时——我们才会有在许多层次上一起活起来的一部分世界，才开始有无名特质。

任一模式的个体构形都需要其他模式来保持它自身的生气。

例如，一个**窗前空间**是稳定的、有生气的，只是在许多其他相配合并用以支持它的模式自身是有生气之时，如**矮窗台**解决视野问题和与地面的关系；**竖铰链窗**解决空气进入方式的问题，使人们触探出窗外呼吸外面的空气；**小窗格玻璃**让窗子产生内外间较强的联系。

倘若这些解决窗前场所的较小作用力系统的较小模式从窗前场所本身失去，这一模式就不起作用了。比如设想一个所谓的窗前场所：高窗台、固定窗、大片玻璃。如此多的副作用力尚处于冲突之中，以致窗前场所不能起作用，因为它不能解决这个要解决的特定的作用力系统。为了平衡每个模式，必须由既从属于更大的模式，又由更小的模式组成的情形来维持。

在一个完整的入口中，许多模式必须协调。

设想一个完整的入口。我心中也许有一个进入较大建筑的方式，而且因为它是完整的，它至少必须包含以下一些要素：把荷载从上传下的拱或梁；把这些力传下并表示入口路径边界的构件显示出的一定的质量；使入口向内有一定距离，以便光线经过入口有所变化的一定的深度或退进；在拱道或开口周围，一些装饰标志突出入口，并给入口以轻快感；还有在底边突出来，被我看作"底座"的某种形式的东西，可以是坐位或柱基，总之是连接边部和地面使它们成为一体的某种东西。现在，这个入口是完整的了。尽管我拿不准任何少于此的入口是否也还是完整的。

于是，我大体勾画的这一模式系统就形成了一个较大建筑入口所需要的基础：这些相互依存的模式是一个系统。毫无疑问，每一个可以用其自己的关系作为需要解决一定作用力的独立的东西来解释。但是，这些个别模式也形成一个整体，作为一个系统起着作用……

一个邻里也是同样。

同样，存在一定的大多根植于人为事件的粗略模式，在这种情形中，这些模式必然在一起，而使我们感受到作为整体的邻里……

当然，界限是多多少少清晰标出的，入口不突出却依稀可见，进出的小路通过边界处，这一片公共地带，里面有孩子们玩耍，有动物吃草，有老人闲坐观看周围发生的事，这是整个邻里的焦点。家庭组成团，其中一部分可见，而从整个邻里来说为数不多。还有水面，可能靠近边界有车间和工作场所，当然也有独立式住宅，但也成组。某处是树，某处是阳光，至少有一块地集中布置。这样，邻里才开始形成了一个整体。

现在我们来看看世界上模式协作时发生的情况。

每一有活力的模式解决了某种作用力系统，或允许作用力自我解决。每一模式创造了一个保持这部分世界平衡的组织。

所有模式皆是有活力的建筑，其中没有干扰力。人们是放松的，植物是舒适的，动物追寻着其自然之路。侵蚀力同建筑的构成所引发的自然的恢复过程相平衡；引力同梁、拱和柱子，以及风力的构成相平衡；雨水自然地以恰好帮助那些植物生长的方式流动，那些植物，因为其他因素，同铺筑石头中的缝隙、入口的美观、室外傍晚时玫瑰芳香等相平衡。

建筑中产生生活的模式越多，它看起来越美。

它以千百种小的方式表明，美是靠对于我们需要的小东西的细心和注意来产生的。

一个坐位，一个扶手，一个握着舒服的门柄，一个遮挡了炎热的平台，我进入花园可以弯下腰闻到香味的入口处生长的花，落在暗的楼梯顶部的光线引我走上楼梯，门上的颜色、门周围的装饰使我微微激动，知道我又回来了，牛奶和酒可以保持冷却的半地下室。

一个城市中也是如此。

对于我来说，有生气而美好的城市是以多种方式表明所有组成部分如何共同工作，使人们舒适并自尊地安居的。

人们饮食和跳舞的室外场所；老人们坐在街上观赏世界的地方；十几岁的男孩和女孩在邻里之中聚集的地方，这些孩子们因为摆脱了父母，感到自由，感到有生气而待在那里；汽车存放的场所，如果有许多汽车的话，这些场所的存在不会使我们压抑；家庭工作进行着，在工作进行的地方孩童们玩耍着和学习着。

最终无名特质出现了，不是在一个独立模式有活力的时候，而是当许多层次上相互依赖的模式构成的整个系统完全稳定和有生气之时。

当建筑或城市中的每一模式有生气之时，当它允许其中的每个人、每个植物和动物、每条溪流、桥梁、墙壁和屋顶、每群人和每条道路在其自身范围内有生气之时，建筑和城市才是有生气的。

随着生气的出现，整个城市达到了个人有时达到的他们最美好、最愉快时刻的那种状态。

回忆那温暖的桃树，平靠着墙，面向南面。

在此阶段，整个城市将具有这种特质，它将沐浴在它自己的过程的阳光之中。

第八章
特质本身

而当建筑具有此一生气，它就成了自然的一部分。就像海浪或是草叶，其各部分由万物皆流而产生的无尽的重复和变化的运动所支配。这便是特质本身。

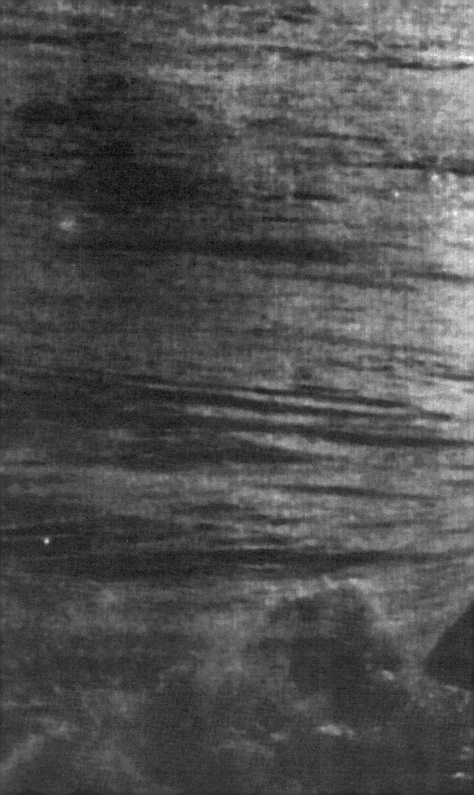

在第一部分"质"的最后一章，我们将看到，一个建筑或一个城市全部由有活力的模式组成时，会出现什么样的图像。

当一个城市或建筑充满生气时，我们总可以认识到其活力——不仅在那里出现的明显的快乐中，不仅在其自由和松弛中，而且也在其纯物理形式之中。

它总有一定的几何特征。

在一个其模式具有无名特质，因而是有活力的建筑或城市中，会出现什么情况呢？

所出现的最重要的事情是，它们的每一部分在每一层次上，都成为独特的。控制世界某一部分的模式本身非常简单，但当它们互相作用时，它们在每一地方创造了整体略微不同的结构。这之所以发生是因为地球上没有两个条件完全相同的地方。每一细微的不同都使它不同于其他模式所面对的条件。

这是自然的特征。

"自然的特征"不仅仅是诗一般的隐喻，它恰恰是非人为世界中所有事物共同的形态特征、几何特征。

为了使此特征更清晰，让我们把它同当前建造的建筑的特征比较一下吧。这些建筑最普遍的特点之一是"模数化"。它们充满了同一的混凝土块、同一的房间、同一的住房、同一的公寓大楼中的同一公寓。一个建筑可以而且必须由模数单元组成的观念是 20 世纪建筑的最普遍的设想之一。

自然绝不是模数化的。自然充满了几乎相同的单体（水波、雨珠、草叶）—— 但尽管每种单体都在大的结构上相像，却没有哪两个在细节上相像的。

（1）相同的大的特点保持一次次重复出现。

（2）在它们的细节上绝没有哪两个大的特点相同。

一方面，所有橡树有同样的整体形状，同样厚实而扭曲的躯干，同样盘曲的树皮，同样形状的叶子，同样比例的树干、树枝和细枝；另一方面，没有两棵树完全一样。高度、宽度和曲率的准确组合本身绝不重复，在其上我们甚至找不到两片相同的叶子。

海浪都具有这一特征。

组成海浪的模式是相同的：波涛的卷曲，浪花的水珠，波的间隔，大致每到第七个波比其他的大——这些模式没有多少。

同时，实际具体的波本身总是不同的。这之所以发生乃是因为模式在每点不同地相互作用。它们之间相互不同地作用。它们与其周围细部之间相互不同地作用。所以每个实际的波浪都是不同的，同时，所有模式同其他波浪的模式精确相同。

波浪中的每一滴水也同样。

"普遍"的模式和具体的细节间的区别不是尺寸的问题。对于波浪正确的，对于每一滴水也同样正确。给定尺寸的每滴水形状多少相同——而在较为精密的显微境下，每一个又是稍不同于下一个。在每级尺度上，都有普遍的不变和细节的变化。在这样一个系统中，有无尽的变化，同时有无尽相同的地方。无怪乎我们可以注视波浪数小时之久；无怪乎一片草叶仍然令人着迷，即使我们已经看过千百万个。在所有这些相同的地方，我们并没感觉到相同的压抑。在所有这些变化中，我们并没有感到迷茫，好像我们对不能理解的变化感到的那样。

　　甚至原子也有此特征。

　　当你意识到同样原则适用于原子时，你也许会惊讶。没有哪两个原子相同。每一原子根据其直接环境稍有不同。

　　讨论原子的这一事实是特别困难的，因为许多人认为"模数"构造是公认无疑的。如果你向模数化环境的建造者挑战，说这样的环境不能有活力，他会非常武断地回答，自然本身由被命名为原子的模数化元件构成，而且对于自然符合的，对于他也足够符合。就此而言，原子成了模数化建造的原型意象。

　　但是原子都是独一无二的，正如雨珠和草叶。因为我们使用符号 C 标记每一个碳原子，而且因为我们知道每一个碳原子中有同数的质子和电子，我们假定所有的碳原子是相同的。我们想出一个作为相同部分的排列的晶体。但事实上，电子的轨迹受附近原子中电子轨迹的影响，因此每个原子依据其在晶体中的位置不同而互不相同。如果我们真的检验每个原子的细节，就会发现没有哪两个原子是完全相像的：每个原子因在大一层整体中的位置的不同而有微妙的变化。

总是存在着模式的重复。

模式本身重复，因为在给定的一系列情形下，总存在着一定的关系域，其中有非常适应所存在的作用力。

浪的形状由水的动力产生，只要这些动力出现，它就自身重复。水珠的形状是由引力和坠落水珠的表面张力间的平衡产生的，在这些控制力的所有情形下水珠形状自行重复。而原子的形状是由粒子间的内力产生的，在这些粒子和作用力相一致的地方，原子的形状也自行重复。

但是，在模式表露自己的方式上总是存在着变化和不一致性。

每一模式是对世界上某些作用力系统的一般解决。但是这些作用力绝不完全相同。因为任何地方和时间环境的切实结构总是独特的，从属于系统的作用力的结构也是独特的——没有其他作用力系统准确从属于同样的力的结构。如果系统对从属它的作用力负责，那么系统也必须是独特的，它不能精确地和其他一样，尽管粗略地相似。这不是一个系统独特性的偶然结果，它是每部分的生气和完整性的精华所在。

简言之，自然物中存在一个特征，它是由这些事物准确地同其内力相一致这一事实所产生的。

在每一层次上重复和变化的运动，造成了整个几何形总是松弛和流动的。存在不可限定的粗糙性、松弛性、闲散性，这总是自然所具有的，这种随意的几何形直接来自重复和变化的平衡。

在有生气的森林中，所有树木都相同是不可能的，倘若一棵树的树叶都相同，那么这棵树是不可能有生气的。如果系统的组成部分与其所属的作用力不对应，系统将不能成功地保持其自身。它不可能有生气或完整。每一片叶子都稍有不同，这是对于树完整性的决定性事实。当然，由于同样的论断符合于每个层次，这就意味着，自然的组成部分在每个层次上是独特的。

凡是世界的某部分与忠实于其本性的内力是非常一致的地方，此一特征必将出现。

所有那些我们笼统称为自然的东西——草、树木、寒风、碧水、黄花、狐狸和雨——总之不是人为的东西——

正是忠实于它们自己本性的那些东西。它们正是那些完全和自己的内力一致的东西。而不"自然"的东西正是那些同其内力不一致的东西。

任何完整的系统必须具有这一自然的特征。自然的形态，线条的柔性，几乎无穷的变化和间隙的缺乏——所有这些直接来自自然是完整的事实。山岳、河流、森林、动物、岩石、花朵都有这种特征。但它们并非只是偶然具有这一特征的。它们具有此一特征因为它们是完整的，而且因为它们的所有部分都是完整的。任何完整的系统必须具备此一特征。

因而，完整的建筑也必然总是具有自然的特征。

这并不意味着，有生气的建筑或城市看上去像一棵树或一片森林。但是，它应有像自然那样的重复和变化的平衡。

一方面，模式如同在自然中一样，将自我重复。

如果组成某个东西的一些模式是有生气的，那么我们会一次次看到它们，正因为它们有意义。如果窗子朝向树的方式有意义，那么我们将一次次看到这种方式；如果门与门之间的关系有意义，我们几乎会在每个门看到它；如果挂瓦的方式有意义，我们将看到几乎所有的瓦都以这种方式挂；如果房屋中厨房的布置有意义，那么，这样的布置将在邻里中重复出现。

总之，我们将看到同样的组成要素一次次重复——而且我们将看到它们重复的节奏。住房一侧的木板、栏杆柱、建筑中的窗子、窗子中的玻璃格、重复出现的大致相同的屋顶形状、相似的柱子、相似的房间、相似的天花、重复的装饰，以及模式重复的树和树干、重复的坐位、重复的白粉墙、重复的色彩，所有重复的大厅、花园、喷泉、路边空场、棚架拱廊、铺面石、缸瓦等，无论其中哪一个，在任何给定的位置都是恰如其分的。

当然，另一方面，我们会发现模式在其中显示其自身的那些有形的部分，每一次出现都是独特的和略微不同的。

因为模式之间互相作用，还因为具体情况具体条件略有不同，拱廊的柱子都会有所不同，住房侧面的木板也会略微不同，窗子会略微变化，住房会有变化，树木的位置会变化，坐位将不同，甚至它们同时发生……

模式的重复同局部的重复是完全两回事。

两个实体的窗子相同时，它们与其周围的关系是不同的，因为它们的环境不同。

但是，当它们同环境的关系——它们的模式——相同时，窗子本身都将不同，因为模式的同一性和周围环境的不同性互相作用，使得窗子互不相同了。

的确，因为诸模式是相同的，不同的部件将各具特色。

例如，拿模式**有阳光的地方**来看，这个模式创造阳光下的一块地方，沿着建筑的南边，正是室外使用的空间和建筑敞向它的地方。这一模式可能沿着一长排住宅的南面创造一系列相似的场所——但在住宅的转角处，它产生了一个特殊的地方，邻里中每个人都记得并渴望的场所——半边伸入街道，矮墙围护着它的侧面，或许还挑盖着一个帆布篷。

此独特场所并非随意探求独特性而产生的。它是由要求有阳光的地方的模式的重复和这个模式同周围的相互作用而产生的。

而且在各个尺度上，我们都会有同样的发现。许多住宅形式上可能相似；但依据住在里面的人们的性格不同，并因为各自同场地、日照、街道、社区之间诸多关系的组合稍有不同而各自成为独特的。

给定的一个住宅的窗子依据其模式，大体上都很相似，但没有哪两个会在细节上相同，各个根据确切的位置、光的方向、房间的尺寸、室外的植物等而有所不同。

如同在自然中一样，模式的重复以及各局部的独特性，导致了有生气的建筑在其几何形上是流动和松弛的。

这并不意味着建筑必须看上去像动物或植物。垂直的、水平的和直角的建筑对于人的空间本质太重要了，以致不可能那样。不过在一个有生气的地方，这些直角极少准确；局部空间是很难完整的。一个柱子比另一个稍粗，一个角比直角稍大，一个入口比下一个稍小，一个屋顶线离开水平线一两英寸。

一个所有的角都是准确直角、所有窗子尺寸相同、所有柱子完全垂直、所有楼板完全水平的建筑只能通过完全忽略其环境而达到荒谬的完美。有生气的地方明显的不完美性全然不是不完美。这些不完美性是在每个部分仔细地吻合其位置的过程中的产物。

这是自然的特征。但如果它不是由走向灭亡这一认识来构成的，那么它的流动性、粗糙性、不规则性将不是真实的。

不管设计建筑的人对规则和不规则变化的节奏能理解多少，只要他以因建筑是非常重要的而必须保留的思想来创造，建筑就毫无意义。

如果你想保留一个建筑，你将努力使用能永远保持下去的耐久材料。你会努力确保这个创造物可以永远保持现状。帆布篷必定不予考虑，因为它是要被更换的；花砖必须坚硬不会开裂，并以混凝土固定住，使之不能移动，以致种子不会发芽而使铺面裂开；椅子必须用那些绝不会磨损或褪色的材料制作。树木看上去必须很美，但却不能有果实，因为果实落下来会伤人。

但是要达到无名特质，建筑至少部分地需由那些破旧的材料造成。松质砖瓦，松灰泥，粉层剥落，有点褪色被风吹破的帆布篷……掉在路上被走过的人踏碎的水果，生长在石缝间的草，一把修补油漆过以增加舒适度的旧椅子……

这一切没有一个会发生在永恒持久的世界中。

没有死的存在和对死的意识，自然的特征就不能出现。

只要人的想象歪曲了自然的特征，那就是因为没有全心全意接受事物的本性。只要没有全心全意接受事物的本性，人们就会通过夸大差异，或夸大相同而歪曲自然。他们这样做最终是为了逃避死亡的思想和事实。

最终的情形是，要达到这一点，要使一个东西具有自然的特征，忠实于其中所有的力，要脱开你自己，要任其自然，排除你自我想象的干预——所有这一切需要我们认识到它的一切都是短暂的，都在流逝。

当然，自然本身也总是短暂的。树木、河流、嗡嗡的昆虫——它们都是短暂的，它们都将成为过去。然而对这些东西的存在我们从来没有感到伤心。不管它们是多么短暂，它们使我们感觉到幸福、快乐。

但当我们自己开始在我们周围的世界里创造自然，而且成功之时，我们不能逃脱我们都要死去这样的事实。

在人为东西中，这个特质，在它已被达到之时，总是忧伤的，使我们忧伤，我们甚至可以说，一个人们努力创造这种特质并使其像自然的地方是不会真实的，除非我们感觉到在那儿略微存在着萦绕的悲哀，因为在我们享受它的同时，我们知道它将要成为过去。

THE GATE

门

为达到无名特质，我们接着必须建
立一种有活力的模式语言作为大门。

第九章

花与种子

　　建筑和城市中的这种特质不能建造，只能间接地由人们日常活动来产生，正如一朵花不能制造，而只能从种子中产生一样。

我们现在至少该初步认识具有无名特质的城市和建筑的特征了。

下面我们会看到，此特质的出现有一个特殊的、具体的过程。

实际上，下面9章我们将论述的主要内容就是这样一个事实：无名特质不能被创造，只能由一个过程来产生。

它能从你的活动中涌现出；它能自在地涌出，却不能制造。它不能被造出、想出、设计出。只有当它从自动产生的过程涌出时，它才出现。

但我们必须完全放弃那种认为它是我们有意识地靠在绘图板上绘图来抓住的某种东西的想法。

考察萨摩亚人用一棵树制作独木舟的过程。

他们伐倒树，削去树干上的枝，剥去树皮，把内部挖空，雕成壳的外形，形成船头和船尾，雕出船头的装饰……

这一过程产生的每个独木舟都各不相同，各有其美，因为过程是非常普通、非常简单、非常直接的。无须花时间去考虑我们应建造何种独木舟，壳体应做成何种形状，是否要把坐位放进去这样的问题——所有这些决定在你开始以前就已作出了——因而，制造者的所有精力和感受都进入这特定独木舟的特殊特征之中了……

生活的特质亦是如此：它不能被制造，只能产生。

当一件东西被造出时，其中有制造者的意愿。但当它被产生时，它是通过无我规则的操纵，作用于情境的现实，自动形成了特质而自由地产生的……

当笔法作为一个过程的最终结果来看待之时，也就是当过程的作用力取代了作者难懂的意愿之时，它就变得很美。作者放松了其意愿，而让过程来接替。

同样，任何有生气的东西只有作为一个作用力接替主观创造活动的过程的最终结果才能得到。

在我们的时代，我们已逐渐把艺术品看做是创造者心中构想的一个"创造"。

而且我们逐渐把建筑，甚至城市也看成是构想出来的、完全想象的、设计的"创造物"。

产生这样一个整体看来是一项不朽的业绩：它需要创造者凭空思考而给出某种完整的东西；它是一项艰巨的任务，令人生畏的巨大；它使人不得不肃然起敬；我们明白它是多么的艰巨；我们也许畏葸不前，除非我们对自己的力量非常有把握；我们畏惧它。

所有这一切把创造或设计的工作解释为一个巨大的任务，某种庞大的东西突然一蹴而就，其内部活动不能被解释，其主旨完全依赖于创造者自身。

无名特质绝不能像这样产生。

反之，想象一个规则简单的系统，这些规则未被复杂化而被耐心地加以应用，直到它们逐渐形成一个东西。东西可以逐渐形成，并立刻全部建造，或逐次建造——但它根本上是由一个并不比萨摩亚人造独木舟更复杂的过程形成的。

这里无须掌握难以言喻的创造过程：只有工匠的耐心，慢慢地削凿。掌握制作，不在于某种莫测的自我深度，而在于简单地把握过程的步骤，在于这些步骤的限定。

同样的情形也完全适用于一个生命有机体。

有机体不能创造，它不能通过一个主观的创造活动来想象，而后根据创造者的这一蓝图来建造。它太复杂、太微妙了，不可能从创造者心灵的闪光中诞生。它有亿万个细胞，每一个完美地适应其条件——而这之所以发生只因为有机体不是制造的，而是通过一个容许这些细胞随时间推移逐级适应的过程产生的。

产生有机体的过程——只能如此。没有哪个生命能以其他的方式产生。

如果你想获得一朵真花，你不会用镊子一个细胞挨一个细胞地制作，而是从种子中养育它。

假想你在创造一朵花儿——一种新花儿。你会怎样做呢？当然你不会试图用镊子，一个细胞挨一个细胞地制作，你知道，任何企图直接制作这样一个复杂精妙的东西的努力将会一无所成。直接一片片制作的，唯有塑料花。如果你想做一朵真花，只有一种办法——必须为这种花创制一棵种子，让它生长出花朵来。

这是由一个简单的科学命题决定的：作为生命基础的有机系统的极大的复杂性不能像上面那样直接地创造，它只能间接地产生。

大量的事实肯定了这个命题。例如，一朵花中存在着十亿多细胞，每一个都不同。很明显，没有哪个建构过程会直接产生这种复杂性，唯有那些秩序自身增殖的非直接的生长过程，唯有这样一些过程才能产生这种生物的复杂性。

除非每一部分是自主的，可以适应整体中的局部条件，否则这是不会发生的。

无名特质，正像所有有机完整的形式，基本上依赖于整体中各部分的适应程度。

在一个接近自然特征的系统中，各部分必须以几乎无穷的精密度相适应，这就要求适应的过程始终贯穿整个系统。

这就需要每一部分，在每一层次上，不管多么小，都具有适应其自身过程的能力。

除非每部分是自动的，否则这是不会发生的。

一个自然的建筑需要同样的情况。

在建筑中，每个窗台以及每个柱子都必须由容许它正确适应整体的自主的过程形成。

每条板凳、每个窗台、每片瓦需要由一个人或一个过程来产生，需要同那儿精妙微小的作用力相协调，使沿其长度上的各点稍有不同，并使其不同于所有其他的。

城市中也同样。

在城市中，每个建筑和每个花园也必须由一个容许它们适应其独特细节的自主的过程形成。

这巨大的变化只能由那里的人们创造。沿路的每一住宅必须由那些熟悉那里特有的不同作用力的人们形成。在住房中，窗子必须由从内向外看、并知道窗子需要做成何种形状的人们形成。

这并不意味着每个人必须设计自己的住处。它只意味着，需要使每一部分同作用其上的力相适应的热情、细心和耐性，只有在每一细部都由那些有时间、有耐性和有知识来理解其上作用力的人来考虑并形成时才存在。

每个人设计或建造他将要生活、工作的地方，这不是主要的。乔迁的人们明显地乐意搬到老房子中去。

一个社会所有的人们，成千上万个一起——不只是专业建筑师——设计所有成千上万个场所，这才是根本的。再没有其他的方式使人的多样化以及特定的人的生活现实能够进入场所结构的了。

当然，各个部分的自主创造，如果是自行其是，那将会混乱。

诸部分不会形成任何更大的整体，除非各个部分的个别适应是在某种更深的规则之下，这种规则保证适应的局部过程不仅会使局部真实地适应其自身的过程，而且也会形成一个更大的整体。

使花成为整体，同时使其所有细胞多少自动适应的东西是遗传密码，它支配单个部分的适应过程，并使其成为一个整体。

不同的细胞能够协调活动，因为其中的每一细胞都包含了同样的遗传密码。

每一部分（细胞）自由地适应其自身过程，并在此过程中由支配其成长的遗传密码所帮助。

同时，就是这一密码也包含着这样的特点，那就是它保证单个部分缓慢的适应不仅仅是无秩序的和个别的，而且每一部分同时帮着产生整体所需要的那些更大的局部、系统和模式。

正如花朵需要遗传密码保持其诸局部的整体性一样，建筑和城市也需要这样。

单个建筑需要一种密码，以保证所有分别形成的柱子和窗子形成一个整体。它必须提供给各个建造者一系列清晰流畅的指令，使他能够自由地依照建筑各个局部所处的位置来处理它。

城市需要一种密码，使大量不同的人的众多活动成为整体。它必须提供给城市中的人们清晰的指令，以使所有的人可以加入城市的塑形之中，正像产生花的遗传过程一样，这一过程必须允许每个人形成他自己的小天地，因而，每个建筑、每个房间、每个门台阶，依据其在整体中的位置各具特色，但却以由这些独立活动汇集而成的城市也将是有生气和完整的为保证。

于是，我开始想知道是否存在像遗传密码一样的、关于人的建造活动的一种密码？

是否存在一种流动的密码，在建筑中产生无名特质，并使事物充满生气？当一个人允许自己产生一个有生气的建筑或场所时，他的心中是否发生了某种过程？是否真的存在也是如此简单的一种过程，使得社会上的所有的人都可以运用，并且不仅产生单个建筑，还产生整个邻里和城市？

结果是有的，它采取语言的形式。

第十章
我们的模式语言

　　人们可以使用那些被我称作模式语言的语言来形成他们的建筑，而且行之已久。模式语言赋予每个使用者创造变化无穷、新颖独特的建筑的能力，正如日常语言赋予他创造变化无穷的语句的能力一样。

我们在第九章以非常含糊和一般的术语分析了生活不能制造，只能由一个过程来产生。

就建筑和城市而言，这一过程必定是让城市中的人们自己形成房间和住房、街道和教堂的过程。

现在我们来看一看哪种过程会使其成为可能。

在传统文化中，这些过程是毫无疑义的。

每个人正确地知道如何建造住房、窗子或长凳。

每一建筑都是建筑家族的一员，并且是独特的一员。

尽管阿尔卑斯山谷有许多相像的农宅，但每一个还是很美的，而且特定于它所处的场合，并布满了同样的，却有着独特组合的、使农宅生机盎然的构件。

每个房间，依据视线而略有不同。

每个花园依据它和太阳的关系稍有不同；每条小路依据通向街道的最好路线而安排不同，每部楼梯踏步不同，坡度稍有不同，正好合适地安置在房间之间而不浪费空间……

地面上的每块砖依据土地平整情况而放得稍有不同。

窗玻璃依据木头的收缩程度而略有不同；每个窗子依据其看过去的景色而有所不同；每个书架依据其放置的东西及位置而有所不同；每个装饰依据其周围的装饰和颜色而有不同的颜色；每个柱子依据雕刻者的生活背景而有不同的柱帽；磨损的台阶依据脚踏上去的方式而有所不同；每个门依据其在构架中的位置而有稍微不同的高度和形状；每种植物依据太阳照射角和风向而有所不同；每个花房依据人们的喜好而有不同的花；每个炉子依据房间中人的数量及房间的大小而做得不同；每块木板依据其部位不同而锯得不同；每个钉子依据木板的弹性大小和收缩程度而被钉入。

这怎么可能？

任一个纯朴的农夫都会盖房子，比所有近五十年的建筑师做得好千百倍，这怎么可能？

或者更简单地说，比如，他是怎样建造一个牛棚的？一个农夫决定建造一个牛棚时，要使其成为和其他的既相像，却又独特的牛棚，他是怎么做的呢？

起初，我们也许会想象，农夫只是由于注意牛棚的功能而使其美观的。

任何一个牛棚需有双门，使农夫正好可以推着干草车进入棚中卸草，牛棚需有充足的储草之地，以便过冬喂牛，需使牛所处的位置容易饲喂，容易将草从存放处移到牛吃草处，需提供洗刷堆积的排泄物的简单方式，需提供支撑屋顶和墙抗风载的方式……

按照这一想法，农夫会使其牛棚美起来，是因为他深深地理解其功能。

但这解释不了不同牛棚的相像。

如果每个新牛棚从头开始，纯从问题的功能特性来创造，我们将会看到比实际存在多得多的形式。为什么没有圆形牛棚呢？为什么牛棚没有能储存更多草的两条中廊、两个坡顶呢？这样的牛棚将不能像已建的牛棚那样起作用，这是对的；但建造者没有尝试，怎么知道它们就起不了作用呢？

事实上，他们不想尝试，他们只想模仿他们知道的其他的牛棚。

确实，凡建造过任何东西的人都会以这种方式着手。当你把楼板搁栅按 16in 间距放置时，你不必每次都进行结构计算；一旦你懂得了这是建造楼板的好方法，你就会继续以这种方法来做，直到你有某种原因而重新考虑为止。

那么，我们可以想象，农夫是通过模仿周围其他的牛棚获得了建造自己牛棚的能力的。

想象一下，农夫心中实际上有另一个或其他的几个牛棚的详细图景，甚至最后的细节，当他开始建造自己的牛棚时，他只是简单地仿照他心中的理想的牛棚。

这自然会解释何以山谷中甚至在纯功能考虑不需要的地方，一个牛棚会像其他的牛棚。

但这解释不了牛棚的丰富变化。

它没有解释何以农夫能够在其牛棚中不出差错地做出巨大的变化。

例如，在加利福尼亚的一些旧牛棚中，我知道两个牛棚，基本上不同于"标准"的类型。其中之一的剖面和通常的一样——但非常长，大约 240ft ——主要门不在两端进入，却和主轴线垂直。另一个依着山坡，有三层。底下两层和牛棚通常的楼层一样，但上面一层的却从相反方向进入。

你会说，这两个牛棚也是仿造的，但是，很明显，这里全然没有仿照"典型"牛棚的总体布置。两者之中存在着其他典型牛棚的那些模式；但模式的结合方式却完全不同。

一个农夫何以能够造新牛棚？这个问题的恰当回答在于每个牛棚都是由模式组成的。

模仿的想法没有错，只是"模仿什么"的概念错了。显然，当农夫开始建造新牛棚时，他心中有牛棚的意象，但他心中这种牛棚的意象不像一幅图画、蓝图或照片，它是一个像语言一样起作用的模式系统。

农夫能够把他所有已知的牛棚模式以新的方式加以结合，做一个新牛棚，不像他以前看到的任何牛棚。

这些模式是作为约估方法来表达的，任何农夫可以将它们组合和重新组合，建造变化无穷的有特色的牛棚。

这里是一些加利福尼亚传统牛棚的模式。

建造一个长方形牛棚，30～55ft 宽，40～250ft 长，长度至少为 3x ft，x 是牛棚容纳的牛的数量。调整牛棚方位，使端部易与牛从田地归来的小路和当地道路相连。

把牛棚内部分成三个平行的�：奶牛在外面两榅，中榅储存草料。

使中榅宽 16～38ft，外榅宽 10～16ft。有时，一个侧榅可以比中间稍短，因而长方形有个凹口。

中榅边缘和侧榅之间放两排柱子。等距，末柱和山墙间距也和柱间距相等。选择柱间距 7～17ft。

若柱的间距为 7～10ft，柱子就做成 4in×4in。若柱距 10～14ft，柱子做成 6in×6in。若柱距 14～17ft，柱子做成 8in×8in。柱子沿牛棚长向由其上主桁连在一起。

牛棚屋顶做成对称坡顶，并使侧榅屋面的坡度比中榅屋面的坡度较缓或相等，这样就在主要柱子上沿着桁条形成折线。两种坡度水平角都在 $20° \sim 40°$。

如果牛棚的长度小于 150ft，主要的门就放在两端，大致在中檩的中心线上。如果牛棚的长度大于 150ft，主要门大致居中放在边墙，让侧檩被门分割。

如果限定中檩的两排柱子间距大于 18ft，就在柱顶部 3ft 以内，以同样的高度由连系梁把它们连在一起。

使边墙高 $7 \sim 10$ft，脊高 $15 \sim 25$ft。

边墙构架由墙筋、槛（底部）和板（顶部）相连，如果愿意还有中间水平构件相连，所有构件都是 2in×4in。

边墙筋同中檩柱位对齐，把主要的椽子放在筋和柱的线上，并坐在顺筋列和柱列的板和桁之上。

屋顶两侧置椽，相交于栋上。

用 2×4，约 3ft 长的斜撑撑牢侧墙构架的每个角。用斜撑撑牢中檩柱列与连系梁。

用 $3 \sim 4$ft 长的斜撑连接主要桁和主要柱，如果柱子间隔大于 21ft，使用双撑，外面的斜撑约 6ft 长。

为了细致地理解这些模式是如何工作的，我们必须扩大"模式"的定义。

在第四章和第五章中，我们学会了把模式看成"世界上"的某个东西——一个活动和空间的统一模式，它们在任何给定的地方，一次次重复出现，而每次出现都略有不同。

THE GATE
门

现在，当我们询问这些模式来自何方，允许每种模式每次略有不同形式的变化来自何方时，我们得出了这些"世界上"的模式是由我们创造的想法，我们想象、设想、创造、建立、生活在世界中的这些实际模式中，正因为在我们的心中我们有另外的、相像的模式。

我们心中的这些模式，多少是世界上模式的精神意象：它们是限定世界上的模式特有的形态规则的抽象表述。

然而，有一点它们非常不同。世界上的模式仅仅存在。但我们心中的同样的模式却是动态的。它们有力量，它们具有发生力，它们告诉我们做什么，我们将如何产生它们。而且它们也告诉我们，在一定的情况下，我们必须创造它们。

每一模式就是一个规则，它描述了产生它所限定的整体，你所必须要做的事情。

例如，考虑山村中使用的、使山坡成为可耕地的梯田的模式。作为一个"事实"，这种模式仅有一定的特征。例如，梯面沿着等高线；梯面竖向间距大体相等；梯面由沿外缘借以保持土地稳定的墙形成；这些挡土墙稍高于梯面，因而也能存住水，使雨水均匀，并防止侵蚀。所有这一切限定了这一模式。这就是限定"世界上"的模式的那些关系。

现在考虑"农夫心中"的同样的模式，它包含同样的信息：也许更细，更少表面性。但它还包含另外两个其他的方面。首先，它包括像这样建造一个梯田系统所需要的知识。梯面填土和找平之前先垒墙这样的事实，外墙中有小的流水洞的事实。总之，梯田现在被描述成一个规则。它是一个告诉了农夫把现有的山坡转化成其中具有这种模式的状态，亦即在世界上产生模式自身的规则。

这种模式有规则的一面。模式解决一个问题。它不仅是"一个"可用或可不用在山坡上的模式。它还是一个合用的模式；对于一个想在山坡上耕种、防止土地侵蚀的人来说，他必须创造这种模式，以保持一个稳定、健康的环境。就此而言，模式不仅告诉他如何创造梯田的模式，如果他希望的话，也告诉他在某种特殊关联中，这样去做是重要的，他必须在那儿创造这种模式。

在这个意义上，模式系统形成了一种语言。

当牛棚建造者把牛棚的那些模式一个个加以恰当地运用，他是能够创造一个牛棚的。这牛棚总会有模式所需要的特殊关系，然而所有其他的尺寸、角度和关系都依赖于情境的需要和建造者的灵感。这一系统产生的牛棚系列都共有规则指定的形态特点（这些是我们观察到的形态定律），此外确实存在着一种无尽的变化。

从数学观点看，最简单的语言是一个包括两个系列的系统：

（1）一系列要素或符号。

（2）组合这些符号的一系列规则。

逻辑语言就是一例。在逻辑语言中，符号完全是抽象的，规则是逻辑句法的规则，句子被称为构造完美的公式。例如，这样一种语言可以由一系列符号 *、+、=、x 和规则"同样的符号绝不可在一排中出现两次"所限定。在这种语言中，*+*+*+*+* 和 *x=*=+=*x 将是一个句子（或构造完美的公式），但 x=x=+**+= 将不是，因为 * 在一排中出现了两次。

像英语一样的自然语言乃是一个更复杂的系统。

在这种词的系列情形中，存在一系列要素，又存在一些叙述词之安排的可能方式。但另外还存在着词的结构——语义连结的复杂的网状系统，它以其他的若干词限定每个词并表明若干词和其他若干词是如何连接的。

列举一个非常简单的句子，如"The tree is standing on the hill."这里的词是要素"The""tree""hill"等。要素根据一定的造句规则相结合。这些规则中最简单的是语法规则，在这种关联中"to be"必须转换成"is""the"放在它们所属的名词前面等。

此外，句子的意义来自词之间的连接网，它告诉我们，比如，一棵"树"长在"地上"，"山"是一种"地"，因此，树可以站在山上。

模式语言是这种更为复杂的系统。

要素是模式。模式之上存在着一个结构，描述了模式本身如何是其他更小模式之模式的。模式中也存在规则，它描述了它们可以被产生的方式，以及它们必须相关于其他模式而被排列的方式。

然而，在这种情形中，模式既是要素，也是规则，所以规则和要素不可分。模式就是要素。每一模式也是一个规则，它描述了本身也是其他模式的要素的可能的排列。

像英语一样的普通语言是一个允许我们创造变化无穷的词的一维组合，即句子的系统。

首先，它告诉我们，在给定情形中哪些种词的排列是合理的句子，哪些种排列没有意义。进一步来说，哪些种词的排列在任何具体情况中有意义，哪些没有意义。它缩小了在任一给定情形下有意义的词的所有可能排列的数量。

其次，它实际上给予我们一个系统，允许我们产生这些有意义的句子。因而，它不仅限定了确定情形中有意义的句子，它还给了我们需要创造这些句子的机制。换句话说，它是一个发生系统，它允许我们产生适于任一给定情形的句子。

模式语言乃是一个系统，它允许其使用者创造那些我们称为建筑、花园和城市模式的无尽的三维组合。

首先，它限定了在任何给定文化中有意义的、有限数量的空间安排。这是一个集合，一个比那些放在一起全然不会有意义的杂乱的安排，如砖、空间、空气、窗成为一堆，快车道立体交叉顶部放厨房，火车站里倒长的树木等的总数小得多的集合。

其次，模式语言实际上给了我们产生这些有条理的空间安排的能力。因而，就像在自然语言情形中一样，模式语言是发生系统。它不仅告诉我们安排的规则，也向我们表明如何尽可能多地作出满足于规则的安排。

总之，普通语言和模式语言是有限的组合系统，它们允许我们任意创造适于不同情形的无限变化的独特的组合。

自然语言	模式语言
词	模式
给定联系的语法	指定模式间联系的模式
和意义之规则	
句子	建筑和场所

下面是波尼斯奥伯兰大的一个农宅的模式语言：

南北轴　　　　　　　　**南向的花园**

西面下坡的入口	坡屋顶
两层	屋顶顶部四落水
干草棚在后面	通向花园的廊子
卧室在前面	雕饰

每一模式是一个可以有无数特殊形式的关系场。此外，每一模式以一个规则的形式被表述出来，这一规则告诉造房的农夫如何去做。

你可以看到，这样一种简单的模式系统所产生的可能的住房几乎是无穷的。例如，下面是它所产生的一些住房。

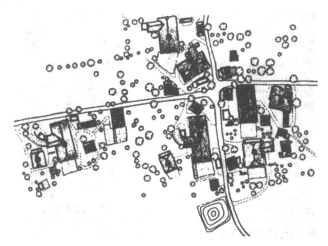

下面是另一些意大利南郊石屋的简单模式语言。

方形的主室，约3米×3米	主要圆形穹顶
两级踏步的主要入口	锥顶之中的小拱
主室分岔的小间	锥顶部的白粉饰
房间之间的拱	白粉饰的前坐

这种语言产生了这张图中所画的非常简单的房子：

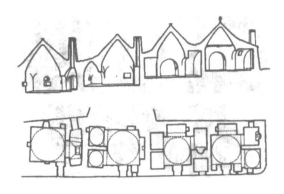

在第二张图中产生了较为复杂、较少相似的房子：

在这种情况下，模式语言不仅帮助人们使他们的住房成形，而且也帮助他们正确地使他们的街道和城市成形。

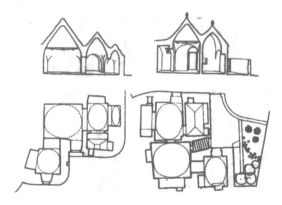

例如，语言中存在更进一步的模式，包括：

窄街道	相连的建筑
街道的分支	交汇处的公用井
前门平台	街道中的台阶

　　这些更大的模式产生了城市结构。如果每一个建造单幢住房的人，同时一步一步遵循这些更大的模式，并以其住房的布局和安置来做他力所能及的事情，以帮助产生这些更大的模式，那么城市便慢慢地从他们个别活动的渐进积累中获得了其结构。

　　每个人使用语言稍有不同。每个人使用语言来产生反映其梦想的建筑，来满足他的家庭、他们生活的方式、他们养殖的动物、场地及其同街道的关系的特殊需要。

THE GATE

门

但总体上，在所有的不同中，存在着通过基本模式重复产生的一种稳定、一种协调。

在此阶段，我们清楚地限定了模式语言的概念。我们知道了它是有限的规则，每个人可以用规则产生变化无穷的不同的建筑——一个家族的所有成员——语言的使用将允许乡村或城市的人们准确地产生那种把场所带向生活的统一和变化的平衡。

那么，在这种意义上，我们已发现了一种密码，它确实在某些时刻在建筑和城市中起到了那种遗传密码在活的有机体中所起到的作用。

而我们还不知道，这种语言对世界上的每个单一建造活动负完全责任。

第十一章

我们的模式语言（续）

　　这些模式语言并不限于村庄和农业社会。所有建造行为都是由某种模式语言支配的，而世界上的模式之所以存在，根本原因在于这些模式是由人们使用的语言所创造的。

至此，我们已经看到了，模式语言是农夫有能力在简朴的村庄中进行建造的诀窍。

但是语言比它更广泛，更有意义。事实上，建造的每项工作，大的或小的，谦卑的或高贵的，现代的或古代的，都是以同样的方式进行的。

模式语言的使用不仅仅是发生在传统社会中的某种事情。它也是我们人类本性的一个基本方面，正如说话一样。

例如，我们自己的城市和建筑，正像任何其他的，也都是由模式产生的。

看看我们周围的世界。我们的世界是由快车道、煤气站、住房、人行道、厨房、建筑物、粗混凝土墙、平屋顶、前门、电视、停车库、摩天楼、电梯、学校、医院、公园、停车场、街道、混凝土边框中的树木、人造花盆、氖光信号灯、电话线、景窗、前花园、后花园、金塑料框挂图、汽车旅馆、超级市场、汉堡包馆、三明治制作机等组成的。

我们时代的模式，像所有人工环境中的其他模式，来自人们使用的模式语言。

例如，高速车道依照手册建造，手册多少准确地以模式形式包含了一些规则，指出不同密度的最佳路口尺度，不同条件下路口的最佳形式，立体交叉苜蓿瓣的合适曲率和坡度……

一个公司建造煤气站常常依据一本小册子，书中描述了如"壳牌"气站的基本特点——描绘了这些基本特点如何在不同情形下，不同地加以结合，以提供既是壳牌气站家族之一但又适应当地条件的一个气站。

的确，正如我们现在将要看到的，这些模式总是来自语言。它们之所以进入人造的世界，是因为我们总把它们放在那里——是我们通过使用语言把它们放在那里的。

每一个窗子、房间、住房、街道和邻里从语言中获得那些识别它、给予它以结构的模式：世界之中的每一个实体都是由一个内部模式语言支配并指导其发展的，正如遗传密码为有机体工作一样。

当然，这些模式并不只来自建筑师或规划师的工作。

建筑师所担负的不超过世界上所有建筑的 5%。

大多数赋予世界以形式的建筑物、街道、商店、办公室、房间、厨房、咖啡馆、工厂、煤气站、快车道、桥梁等，来自一个完全不同的源泉。

它们来自成千上万不同人的工作。

它们来自管理者、五金店主、家庭妇女、建筑公司中职员、地方银行家、木工、公共劳动公司、园林工人、画家、城市委员会、家庭等的决策。

他们每个人依据一些约估方法进行建造。

实例：英国政府决定建造史蒂文内新城，约容纳 50000 人，在伦敦 30mi 外。支配这一决策的模式是霍华德 1890 年创造的，英国政府在用这一决策建造史蒂文内之前就已知道它 50 年了。

实例：一些加州公路局的道路工程师，在旧金山之东州际 80 号公路选点并设计了一个高速道立交。他们将遵循那些以规则的形式在 AASHO 手册中详细规定的模式：这些规则限定了立交的最适当的空间尺度、非常有效的坡道形状、不同设计速度的最小曲率和最大高程等。

实例：一个纽约的建筑师确定公园大街上一幢办公楼的外形。他受到法规的限制，要使建筑的外形符合建筑法规的采光要求，他着手之前就知道，不得不创造多多少少近乎金字塔的外形。

实例：家庭主妇叫丈夫在厨房窗子上方装一块搁板，那是她在上期《住宅与花园》中所看到的方式。我们又一次看到了，说在厨房窗子上装搁板一般是个好主意的这一模式，在她决定在自己的厨房中试一试之前就在心中存在了。

每个人凭经验进行建造。

实例：安装浴室的某个人去当地的五金店购买展开式淋浴幕轨，可以在浴缸上方浴室墙之间绷牢，这种固定装置在市场上可以买到，并且最容易固定的事实是他心中告诉他如何安置浴幕杆的模式背后的控制力。

实例：某小城市决定封闭中心街道车行，形成一步行区。它也许是在建筑师的保证下实施的，而建筑师乃是基于模式的指点。这一模式在建筑思想中已出现了二十余年。

实例：景观建筑师应约设计步行区的细部，他使用砖步道、植物和长凳——所有步行区流行的细节，所有在他开始这个具体工作之前心中早已存在的细节。

实例：某家银行决定借钱给一个开发商，而不借给另一个。银行的决策基于那种将带来适当的资金回收的土地覆盖率的最佳规则。他们的模式告诉他们不要借钱给那些想在中心城市把小建筑建于大片土地之上的人。

实例：公园部门在公园中疏树。若是松树，它们中心就间隔15ft，任何多出的树都被去掉，以便树木正常生长。松树的间隔是众所周知的模式，是林学院讲授，并在全世界范围内使用的模式。

所有这些经验方法——或模式——是更大语言系统的一部分。

当然，我所举出的这些经验方法并不是独立地、孤立地、自由流动地存在着的。

每一经验方法是同其他经验方法组织起来的系统的一部分，这样，经验方法或模式不仅可以用于作出独立的决策，也用于创造完整的东西——完整的公园、建筑、公园长凳、高速干道立交等。

每个人心中都有一种模式语言。

你的模式语言是你对如何建造的认识的总和，你心中的模式语言同另一个人心中的模式语言稍有不同，没有两个模式语言是完全相同的，但模式语言的许多模式和片断也还是共有的。

一个人着手设计时，他的所作所为完全是由当时他心中的模式语言支配。当然，每个人心中的模式语言都是随着个人体验的增长而不断发展的，但在他必须进行设计的特定时刻，他完全依赖于他正巧在那时积聚的模式语言。其设计不管是否最佳，或是否庞大复杂，完全受那时他心中的模式语言以及这些模式形成一个新设计的能力所控制。

这也适用于任何伟大的富有创造性的艺术家，如同适用于最朴实的建造者一样。

帕拉第奥使用一种模式语言做其设计，赖特也使用一种模式语言做其设计。帕拉第奥恰好在书中记录了他的模式，以及他人可以使用这些模式的想法。赖特努力对模式保密，像是个保守创作诀窍的大师。但这种不同是次要的。重要的是两者及所有以前的大师都有自己的模式语言，这种以个人约估方法的形式凝聚下来的自己的经验，不管何时开始建筑设计，他们都可使用这一模式语言。

你自己是靠使用模式语言来做设计的。

假想我叫你为自己设计个简单住所。

那么让我来问你：你住所中的房间是圆的吗？肯定不是。通常在你心中有一个规则告诉你，你建筑中的房间应该多少是大致的长方形。

此时，我不是说，这规则是好或是坏，我只是叫你认识到你也有某种规则，它大致告诉你，你的房间做成何种形状……

而且，你有许多许多像这样的规则。

实际上，你现今的语言就是这些规则的系统。

而你的创造力完全由这些模式的力量所给予。你创造建筑的能力完全限于你现在恰有的语言。

一个人着手设计时，他没有时间从零来考虑。

他面临行动的需要，他必须很快地行动，而很快行动的唯一方法就是依赖在他心中积聚的各种最佳规则。总之，我们每个人，无论地位高低，在我们心中都有一张巨大的经验规则网，它告诉我们当它该起作用时，我们做些什么。在设计的任何行动的时间，所有我们可以希望的是如何以我们知道的最好方式使用我们所积累的经验规则。

甚至当一个人看起来"回到基本问题"时，他也总是在结合其心中已有的模式。

尽管他可以稍微依据他对问题的新的分析，处理转换这些模式，但还是他心中这模式语言形成了他所做工作的基础。

你也许会认为：现在我心中没有任何模式语言。

有一些人会否认他心中存在模式语言。对这种人我提出一个简单的问题：如果你知道有关建造房的任何事情，那么你所知道的又是什么呢？

你的回答也许是你依赖于你的激情和直觉深度，它们以独特的方式反应摆在你面前的每个新问题，但甚至这种激情和直觉也是由一些原则——不管多么深——来维持的。尽管你自己绝没有努力使这些原则明晰，尽管你不能这样做，但在你的心灵深处还是存在着这些原则，它们将知道这些原则由什么构成的人表达了出来，而且正是这些原则在你设计之时通过直觉和激情，进入了行动。

一个人建造时，他可以是有创造性的，这只是因为在他的心中有一种模式语言。

　　你也许不愿意承认，你的创造力来源于你心中的语言，因为你害怕，你心中的语言规则会有碍于你成为自由和有创造性的人。正相反，模式语言是使用它的个人创造力的真正来源，没有语言，他们会无所创造。是语言使他们无所创造，也是语言使他们富有创造性。

　　回想一下英语。如果说你脑子里的英语规则限制了你的自由，那将是荒唐的。当你要表达某种东西，你用英语来说；甚至当你说，你不希望摆脱规则时，你还时常由于不能言说的方面而感到灰心。事实上，你所知道的绝大部分是以这些规则网——你理解的概念之网把握的，你理解这些概念，是因为你可以以那些作为你心中英语一部分的其他概念来表达每一概念。

　　英语的规则使你富有创造性，因为它们把你从词的无意义组合的烦恼中解救了出来。

　　词的许多可能组合仅仅是混乱的堆砌（"cat work house tea is"，等等）。这些无意义的组合远远超出了有意义的组合。

　　假设每当你想说些什么，都得在你的心中，在词的所有可能的组合之中去寻找的话——你绝不会得到你想说的东西，你当然不可能说出任何表达深厚感情或深刻意义的东西。

英语的规则使你避开了大量无意义的句子，而转向更小——尽管还是庞大的——数量的有意义的句子，因此，你可以倾力于意义的细腻差别之处。倘若不是英语的规则，你将花费你所有的时间挣扎着去说任一事情。

模式语言也同样。

模式语言无非是描述某个建造经验的确切方式。如果一个人有大量的建造住房的经验，其住房语言就丰富复杂；如果他是生手，其语言就幼稚简单。一个住房的诗人、一个建筑大师绝不可能没有语言而进行工作——那样他会像一个生手。

如果你再想象柱子、柱头螺栓、墙和窗子的所有可能的组合，就会觉得其中许多是无意义的堆砌。无意义组合的数量比有意义的建筑组合的数量庞大得多。一个没有语言的人势必搜索枯肠，在所有这些无意义的组合中找到哪怕是一个有意义的设计，他甚至绝不会触及使一个建筑起作用的微妙之处。

因而，语言的使用不仅仅是发生在传统社会中的某种事情。它是我们人类本性的基本事实，正如说话这一事实一样。

每一创造性的行为依赖于语言。不只是那些传统社会的创造性的行为依赖于语言，所有的创造性行为都依赖于模式语言：新手的笨拙、不熟练的建构是在他所具有的语言范围内做出的。独具风格的天才作品也是在语言某部分内创造的。而且最普通的道路和桥梁也都是在语言范围内建造的。

现在，至少搞清楚了世界上的模式来自何方。

在第五章，我们看到了世界的每一部分基本是由少量的本身不断重复的模式赋予其特征的。模式重复而在楼层中产生楼板；模式重复而产生城镇屋顶景象；模式产生城市整体布局，赋予这里巴黎的特征，又赋予那里伦敦的特征。

所有这一切重复来自何方？秩序来自何方？一致性来自何方？最重要的说到底，模式来自何方？何以只是其中的少数一次又一次重复？

现在我们知道了这个问题的答案。

本身重复的模式只是来自这样一个事实：所有的人有一个共同语言，并且其中每一个人做一件东西时都使用这个共同语言。

毫无疑问，每个人有其共同语言的自己的理解，但是概括起来，每个人知道相同的模式，因而相同的模式以无穷的变化保持重复、重复再重复，只因为人们使用的语言中有模式。

环境的每单个部分由模式语言的某一部分支配。

存在着运动场布局、街道布置、公共广场、建造公
共建筑、教堂、庙宇的语言，存在着建筑群布局、墙的
修砌、楼梯的制作、沿路商店和咖啡馆的布置、商店内
部要做的和使用的方式等的语言。

构成世界模式的大量重复之所以发生，是因为人们
用来创造世界的语言的广泛使用。

模式以成千上万次的重复进入世界，因为成千上万
的人们共同使用具有这些模式的语言。

人类曾建造的所有地方，传统的或新创造的，一千
年前建造的或今天建造的，由建筑师或外行设计的，在
或不在法律的影响下，由许多人或一个人设计的，所有
这一切都直接从其建造者使用的语言中获得其形状。

在所有的时代，在每一文化中，组成世界的整体总
是由人们使用的模式语言支配的。

每扇窗、每道门、每间房间、每所住房、每个花园、
每条街道、每家邻里以及每座城市：总能直接从其语言
中获得其形状。

它们是人造世界中所有结构的起因。

第十二章
语言的创造力

　　除此之外，不只是城市和建筑的形态来自模式语言，它们的特质也来自模式语言。甚至最使人敬畏的宏伟的宗教建筑，其生命力与美也来自其建造者使用的语言。

我们从第十一章中看到了，模式语言对所有世界的一般结构负责。

但模式语言甚至比这更基本。不只是建筑形式来自模式语言，其生活、其作为创造物的美妙，亦来自模式语言。模式不仅对建筑所具有的特殊形状负责，而且对建筑生发的活力负责。

宏伟教堂的生气与美来自模式语言。生发活力的小广场的美亦是同样。而且建筑生发活力及感染我们的程度总是由其建造者使用的模式语言的能力决定的。

让我们先看看夏特尔大教堂和巴黎圣母院亦是如何在一种模式语言中产生的。

在某种意义上说，这是显而易见的。当然，形成宏伟大教堂的规则在某种程度上是限定了"一个"教堂一般形式的共同的经验规则。中殿、侧殿、耳堂、东端、西端、尖塔……

并不只是明显的大尺度的组合由共同的模式组成，在更小尺度上，也有模式：柱的排列，拱的形式，西部大玫瑰窗，东端周围的龛，柱子间距，扶壁和飞扶壁。

的确，甚至最美的细节也是模式：柱头、窗花格、穹顶内石头分割的方式，锤梁屋顶，飞扶壁上滴水嘴，门口周围的雕刻，窗子上的彩色玻璃，铺地面的磨石，雕饰的墓碑……

当然，这些建筑不是外行人建造的。

有好几百人建造，每个人做整体中一部分，工作常常历经几代人。在任一时期，通常都有一个大匠指导整个设计……但所有的人心中都有同一的整个的语言。每个人以一般相同但略有不同的方式完成每一部分，大匠无须用细节设计来约束那些建造者，因为建造者自己知道足够的共同的模式语言，能以他们自己的个人眼光来正确地做出那些细部。

但是宏伟大教堂的气势与美还主要来自大匠及其建造者共有的语言。

语言是如此的连贯，以致任何很好理解了这种语言并献身于某一单体建筑的建造，慢慢地工作，一步一步在其共同语言之中塑造所有局部的人，都是能够造就一件伟大的艺术品的。

建筑慢慢地、极好地在公共语言的作用下成长起来，这一公共语言支配着各个局部和那些产生它们的活动，正像花籽的基因支配并产生了花儿一样……

历史上所有伟大的建筑都是像这样通过语言建造起来的。

夏特尔，阿海巴，凯荣清真寺，日本住宅，伯鲁乃列斯基的拱顶……

因为那种我们已学到的不正确的建筑观，我们想象某个伟大建筑师用一些铅笔的标记在绘图板上艰难地工作，创造了这些建筑。

事实上，夏特尔和简单的农宅一样，是由一群在一个共同语言下活动，自然是深深地沉浸于其中的人建造的。它不是靠在绘图板上"设计"产生的。

纯朴的农夫用来建造其住房的过程就是让人们产生这些更大建筑的过程。

宏大的教堂、宏大的清真寺、宫殿和阿海巴的建造者们使用和普通人一样的语言。

人们有足够的语言知识，他们仅仅建造一两幢房子，并帮助建造一个公共建筑——他们主要从事另外的事业。

而建造者却是那样一些人，他们用那种有相同语言的一生去深入它，去理解更多有关它的模式，去反复实践、建造，直到他们确切知道如何实现这些模式最好为止。

你也许根本怀疑在任何"语言"中获取最深的建筑知识的可能性。

毕竟，一般都认为一个伟大的创造者有常人所没有的天才，因而也就必然设想，创造一个充满生气的优秀建筑的能力只依赖于这种天才。

　　然而，许多人会同意，一个伟大的建筑师的创造力，使一些东西美妙的能力，依赖于他正确深刻的观察能力。一个画家的天才依赖于他看的能力——他更敏锐、更准确地看到了事物中何处是至关重要的，其特质来自何方。而一个建筑师的能力也来自他观察重要关系——深层的、深刻的关系、起作用的关系的能力。

　　那么就此而言，一种深层的模式语言乃是模式对应于那些对使建筑美妙的深刻观察的模式的集合。

　　我们有这样一个思考习惯，认为最深刻的洞察，最神秘的和精神上的洞察比许多东西更乏普遍性——它们是超常的。

　　这只是还不知道自己在做什么的人肤浅的自我安慰。

　　事实上，正相反：这些是神秘的、最严谨、最奇妙的东西——并不比常见的东西更乏普遍性——它们倒是更为普遍。

　　它们的确非常普遍，因为他们触及了世界的核心。

　　这同这些东西确可清楚地表达、发现、谈论这样的事实相联系。这些至关重要的深层东西并非是脆弱的，它们如此坚固以致可以被相当清楚地陈述表达。它们难以被发现并非因为它们是异常、奇怪、难以表达的，而是因为它们在日常生活中如此普通，如同面包和黄油一样，以致我们从没有想去寻找它们。让我来举两个例子吧！一个是关于旧祈祷者用的小地毯之美，另一个是关于建筑艺术的。

一个两百年前制作的土耳其祈祷者古旧的小地毯，具有最奇妙的颜色。

所有好的地毯都遵从这一规则：不管两块并列的颜色在哪儿，它们之间总有第三种不同颜色的细线条。这一规则说起来很简单。然而，遵循此一规则的小地毯，其色彩就鲜艳跳跃；不遵循此一规则的就平淡无奇。

当然，并不单是此一规则使地毯美观的——但看起来几乎简单、平庸的这一规则将使地毯之艳、之美更增三分。知道此一规则的人能制作美妙的地毯。不知道的人定然不能做出。

所有美妙的旧地毯的其他的特点也依赖于其他相当简单的规则。但现在，许多规则都已被人遗忘了——如今人们不再能制作这种美妙的、色彩斑斓的地毯了。

地毯的深度和精神性并不因这一非常简单的规则可被表述这样的事实而减小，这里有关系的只是这一规则极深、极有力。

许多令人愉快的房间，其光线也是由一个简单的规则支配的。

考虑每个房间至少有两边采光（除非进深小于 8ft）这个简单的规则。这一规则同有关颜色的规则正有着同样的性质。遵从此一规则的房间在其中是令人愉快的；不遵从此一规则的房间（个别除外）是令人不愉快的。

考虑世界上最美的小建筑之一：日本的伊势神宫。

是什么使它如此美妙？是屋顶的高峭，屋顶梁破空的方式，建筑周围的平台，栏杆的高度，十分光滑的、圆圆的木柱，在每个梁端部保护开裂纹理的青铜遮盖物，嵌入平滑板条的青铜带，墙中柱子的间隔，转角处有柱子的事实，标志的空间，建筑周围的砂砾小路，形成入口并作为停顿地方的台阶位置……

产生这一建筑魅力的是那里特定的模式和模式的重复。

这一建筑的每一事实不只是一个偶然事件。它是不断重复的规则，它准确地被遵循，建筑只是以这些规则所允许的方式来变化，规则适应建筑中不同的地方，并在那里创造了略微不同的形式，但首先是它们一次次的重复，以及再没有任何其他东西的事实使建筑生发了活力，并屹立在那里，启发和吸引着我们。

你会惊奇——倘若规则是这样容易表述，那么是什

么使一个建造者伟大的呢?

的确存在一种回答。尽管规则是简单的,但像这样,到了你心中有 20 个或 50 个规则时,坚持这些规则,而不将其放开,就需要极其难忍的专注了。

说是很容易的——而真正使房间两侧有光线,同时要做我们努力做的其他事情,则是非常艰难的。倘使房间一侧有光线,那将没什么,可事实并非如此。坚持、遵守所有重要的规则,自由地在你心中而不放开它们,这也许的确需要不一般的毅力。

当然,这些规则的简单并不意味着它们易于观察、易于创造。

正像一个伟大的艺术家非常细心地观察那种产生区别的东西一样。形成这些简单的规则的确需要极大的观察力——极大的深度、极大的专注。

知道如何建造的人观察了许多房间,最终明白了做一个比例适当的房间的"秘诀"……这一认识以基本模式的形式存在于其心中,它告诉了他,在哪种情形下,为哪样的原因创造相应的关系场……最终理解这一规则也许花了他好几年的时间。

也许很难相信,一个人可以通过简单组合模式来做出一件艺术品。

听起来似乎有一个若干部分合成的"魔"箱，它如此强大，以致任何人单靠对它们的组合，就能做出美的东西。

这是荒谬的，因为仅仅通过组合固定的成分不可能使某种东西美起来。

认为困难也许是因为我们总趋向于把模式想成"东西"，一直忘掉了它们是复杂的、强有力的场。

每个模式是一个场，不固定却是一组关系，它每次出现都有所不同，而且不管它在哪出现，都有足够的深度来生发活力。

这些深层模式的集合，每一个是一动场，能够以完全不可断定的方式结合、交迭，能够产生一个完全不可断定的意料之外的新的关系系统。

如果我们记住这点，就很容易认识到它们是多么强大——我们确实有我们的创造力，作为我们所具有的模式系统的结果。

你创造生活的源泉，依赖于你所具有的语言的能力。

如果你的语言是空泛的，你的建筑不可能充实。如果你的语言贫乏，你不可能产生优秀的建筑，除非你丰富了你的语言。如果你的语言是刻板的，你的建筑想必也是刻板的。如果你的语言是华丽的，你的建筑也将是华丽的。你的语言产生了你所做的建筑，建筑依据你的语言所具有的活跃程度有生气或无生气。

模式语言是美和丑的源泉，它们是所有创造力的源泉，制作者心中没有模式语言，将一事无成，事物所成为的样子，其深度、其平庸也来自建造者心中的模式语言。

至此，我们认识到了，模式语言所具有的真正巨大的力量。

不只每个建筑从人们使用的语言中得到其结构是正确的。

建筑具有的精神，它们的力量、它们的生气也来自其建造者使用的模式语言，这也是正确的。宏伟大教堂之美，窗子之生气，装饰感人之优雅，柱身和柱头之雕饰，形成教堂中心的空旷空间之寂静……所有这些也都来自建造者所使用的模式语言。

第十三章

语言的瓦解

　　在我们的时代，语言已被毁掉了。它们已不再被共同使用，因而使之深入的过程也便瓦解了：事实上，在我们的时代，任何人不可能使一个建筑充满生气。

我们现在知道了，语言能给事物带来活力。因为建造者使用的语言是有力的和有深层的，所以最美的房子和村庄、最感人的小路和山谷、最令人肃然起敬的清真寺和教堂，都获得其应有的活力。

但是，到目前为止，我们还全然没有讨论语言本身存在的条件。

因为世界上最丑陋的、最令人麻木的地方也是由模式做成的。

举个例子，想想构成学校办公室的语言。

这是个丑陋的地方，可怕、阴暗而且死气沉沉。它是同一座楼中许多相似的办公室之一，这些办公室由下列语言构成：

窄长形

只在一侧采光

窗子完全是墙之间的宽度

混凝土井字梁天花板，五英尺网格

荧光灯中距十英尺

混凝土平板墙

素混凝土天花表面

钢窗

胶合板墙面

利用这种可怕的语言建成了许多办公室。但心中有这样语言的人绝不会使一间办公室有生气，除非他统统放弃这一语言。在这个表中，也许除了第四个模式外，没有一个模式是不被抛弃的，并且没有一个模式与实际应用中的作用相吻合。

因此，很明显，单单靠模式语言的使用不能保证人们能使场所有生气。

一些城市和建筑有生气，而另一些则没有。如果所有的城市和建筑都由模式语言产生，那么在这些语言的内容上和使用它们的方式上必有某种区别。

的确那些环境有生气的社会与那些城市和建筑死气沉沉的社会之间有一个根本的区别。

虽然两种社会中都使用模式语言，但两种社会的模式语言却各有不同。在一种情形中，模式语言本身是有生气的，并且帮助人们赋予环境以生气。另一种情形，语言本身是僵死的，使用这些语言的人们只可能使其城市和建筑死气沉沉。

在有生气的城市中，模式语言如此广泛，以致每个人都可以使用它。

在农业社会，每人都知道如何建造，每人都为自己建造，并帮助邻居建造。在之后的传统社会中，有砖瓦工、工匠、管道工——但每个人还是知道如何设计。例如，在日本，甚至 50 年前，每个小孩学习如何设计一座房子，就像今天小孩学习踢足球、打网球一样，人们自己设计自己的住宅，然后请当地的工匠来为他们建造。

当语言共同使用的时候，语言中的各个模式是意义深远的。模式总是简单的。没有任何不简单和不直接的东西能够幸免于一个人一个人地缓慢的传递。在这些语言中没有什么东西复杂得不能被人们理解。

石造建筑的角石、窗旁的壁架、前门旁的坐位、顶窗、对树木的照管、我们坐的地方的光影、邻里的流水、水边的砖沿……

正因为每个细节必须对每个人有意义，所以这些模式是发自内心的、意味深长的。

语言包容了整个生活。

人的体验的每一方面，通过语言模式，以一种或另一种方式被包括进来。

人的七个阶段都被包括了，并且所有可能活动的变化也都包括了。整个文化以及支撑它的环境，形成了单一完整的组织。

使用者和建造活动之间的联系是直接的。

不管人们是用自己的双手为自己建造，还是直接告诉为他们建造的手工艺者，而以几乎同样的程度控制建造的细节，都是一样的。

整体自身会聚，并不断调整。市民知道他自己的微小行为帮助创造和维持了整体。每个人感觉到和社会相连，并因此而自豪。

人们和建筑之间的适应是意义深远的。

每个细节都具有意义。每个细节都被理解，每个细节都基于某种人的体验，正确地塑形，因为它是慢慢做出来的，并被深深感觉到的。

因为适应是细微和有意义的。每个地方都带有独特的特征。慢慢地，场所和建筑的变化开始在城市中反射人的情形的变化。这就是使城市有活力的原因所在，模式保持有生气，因为使用它们的人们也在检验着它们。

但是，相形之下，在我们近来所体验到的早期工业社会中，模式语言死去了。

决定着如何建造城市的模式语言变成专门化和私有的了，而不能被广泛地使用。道路由道路工程师建造，建筑由建筑师建造，公园由规划师建造，医院由医院顾问建造，学校由教育专家建造，花园由园林工人建造，一片住宅由开发者建造。

城市的人们自己难以知道这些专家使用的任何语言。如果他们想找出这些语言包含的是什么，他们不能做到，因为这被认为是专业知识。专业者守护着他们的语言以使自己必不可少。

甚至在任何一个专业中，专业性戒备使人们不能共同使用他们的模式语言，建筑师像厨师一样戒备地防护着他们的诀窍，以便他们能够继续兜售某种独一无二的风格。

这样的语言由专门化开始，躲开了普通人，而后，在专业中，语言更成为私有，互相躲藏而分离。

多数人相信自己不适合设计任何东西，而且确信设计只适于由建筑师和规划师来做。

这种偏见竟使许多人害怕设计自己的环境。他们害怕会犯愚蠢的错误，害怕人们会嘲笑他们，他们害怕会"以低级趣味"做某种东西。这种畏惧是不无道理的。一旦人们从每天对建筑的正常的体验中退出来，失去他们的模式语言，他们就不再能够对其环境作出好的决策，因为他们不再知道，什么是真正重要的，什么不是。

人们与其最基本的直觉失去了联系。

如果他们在某处读到大玻璃窗是一个好主意，他们便把这看成是来自比他们更聪明的源泉的智慧而加以接受——尽管他们坐在小玻璃窗的房间中感觉更舒适——而且声称他们是多么地喜欢它。但是建筑师时兴的趣味是如此有诱惑力，致使人们相信平板玻璃窗更好，而违背他们自己内心感受的判断。他们失去了对他们自己判断的信心。他们交出了设计的权力，彻底丧失了自己的模式语言，以致完全听命于建造师的摆布。

而建筑师自己也丧失了直觉，因为他们不再有一种广泛使用的根植于人们所具有的一般感受的语言，他们被禁锢在他们私下制作的荒谬和特殊的语言牢房之中了。

甚至建筑师建造的建筑也开始"谬误"百出了。

最近建造的加州大学伯克利分校环境设计学院是由三位著名建筑师设计的。在此建筑的某一部分，每层两端有两个讨论室。这些讨论室是窄长的，一个短边全都是窗面，黑板固定在一长边墙上，每个房间塞着一张窄长桌。这些房间在功能上有一些明显的缺陷。第一，围绕窄长桌的长排的人不适合集中讨论，这是一个讨论室——它应更近于正方形。第二，黑板的位置与窗子的关系意味着房间里一半人看得见黑板上反射的窗子，却不能认出写在黑板上的是什么——黑板应面对窗子。第三，因为窗面非常大、非常低，所以坐在窗附近的人对于远离窗的人显现为阴面轮廓。同阴影中的人是极难正常谈话的——很多面部细微的表情看不见了，讨论交流受到了妨碍。窗台应高过坐着的人的头部。

像两面采光这样的特定模式从人们的建造知识中消

失了。

在一段时期，除非牲厩或工棚，建造任何不是两侧有窗的房子是不可想象的。在我们自己的时代，这个模式的所有知识都已被遗忘了。大多数建筑中，大多数房间只有一边进光。甚至像勒·柯布西耶这样"伟大的"建筑师建造的所有的公寓既长又窄、又在窄小的端部有窗子——正像他在马赛公寓中做的那样——结果是可怕的眩光和不舒服。

没有哪一个近来建造的单体建筑，也没有哪一个规划师设计的城市单个部分不是谬误百出的。由模式丧失所引起的这种错误比比皆是。不仅住房开发商建造的最世俗的建筑如此，所谓的现代大师的杰作也是如此。

而我们语言中仅剩的那几个模式也成为退化、愚昧的了。

语言高度专业化这一事实自然导致了这种情形的发生。使用者的直接经验曾一度形成语言，不再有足够的联系以影响它们了。一旦建造任务离开了最直接涉及的人们，而转入并非为自己而是为其他人建造的人们手中，这便是注定要发生的。

只要是为自己建造，我使用的模式就是简单的、有人情味的、充满感情的，因为我理解我自己的情境。可一旦一些人开始为"许多人"建造，他们有关需要什么的模式便成为抽象的了，不管它们有多好的意义。他们的想法逐渐脱离了现实，因为他们没有日常面对模式表述的生活实例。

倘若我自建壁炉，那我自然要造一个放木头的地方、一个坐的角落，宽度足够放东西的壁炉台，让火更旺的炉口。

但倘若为他人设计壁炉——不是为自己——那么我无须在我设计的壁炉中生火。逐渐地我的思想越来越变得受风格形状和古怪想法的影响，我对生火这一简单事务的感受完全脱离了壁炉。

因此，当建造工作转入专家之手，他们使用的模式就变得越来越平庸，越来越任性，越来越脱离现实。

当然，甚至现在一个城市还是从某种模式语言中获得其形状的。

建筑师、规划师和银行家具有告诉他们建造巨大的钢和混凝土建筑的模式语言。使用者有几个破碎的模式留在他们的词汇中：塑料薄板做的厨房柜子，巨大的平板玻璃窗用于起居室，浴室中的全室地毯——一旦他们有个自由的周末，他们就热心地把这些碎片凑合在一起。

但我们以往语言的这些残余是僵死而空泛的。

它们主要基于工业产品。人们使用玻璃钢窗、移动柜台、墙到墙地毯，因为工业使它们可能被取得，而不是因为这些模式包含任何关于生活的基本的东西或如何生活的东西。

模式语言作为人们可以歌唱全部生活的一首歌的时代已经过去了。社会中的模式语言变成僵死的了。他们成了人们手中的灰烬和碎片。

伴随着模式语言的死亡，每个人都可以看到我们的城市和建筑之中所出现的混乱不堪的情境。

可是人们不知道是模式语言引起了这种混乱，他们只知道建筑比过去缺乏人情味。他们情愿给那些人们尚知道如何使其有人情味时建造的老建筑以更大的价值。他们抱怨生活贫乏危险，环境冷酷无情，可对此却无可奈何。

在恐慌中，人们试图用基于控制的人工方式的秩序，代替失去了的有机过程的秩序。

由于建造城市的自然过程不再有效，人们就在恐慌中寻求"控制"城市和建筑的方法。那些由于对环境的影响无足轻重而渐感担心的建筑师和规划师做了三种努力，以获得控制环境的"全面设计"：

（1）他们争取控制大片环境（这被称为城市设计）。

（2）他们争取控制更多的环境（这被称为批量生产

或体系建筑）。

（3）他们争取通过法案更坚定地控制环境（这被称为规划控制）。

但这使事情更糟。

这些极权主义者的努力，尽管控制了较多的环境，还是有不好的效果。他们不能创造一个整体环境，因为他们没有充分满足人们的真正需要、作用力、要求和问题。他们不是使环境更为完整，而是适得其反。

在这一阶段，模式语言变得更加破碎、更加僵死。它们由更少的人所操纵；它们更加远离了它们需要的人们。

有机和自然的过程曾一度产生的变化完全消失了。

专家们努力使城市和建筑适应人们的需要，他们却总是没有能力做到。他们只能处理所有人们共有的一般的作用力，而绝不能处理那些使一个具体的人体现独特性和有人情味的特定的作用力。

建筑对于人的适应成了不可能。

甚至当专家们建造了适于解决这一问题的建筑时，结果还是不切要害的，因为独特的个别还是从属于一般的多数。巨大的机器状的建筑尽管允许人们移动墙面，使他们可以表现自己,但还是使人们从属于整个"系统"。

最终人们完全丧失了安排生活的能力。

在充满活力的文化中,个别语言总是共同语言的私密形式,一旦共同语言被瓦解了,个别语言也就随之瓦解。

并不唯此,甚至人们创造或重新创造新的私密语言也变得不可能了,因为缺乏共同语言意味着缺乏他们需要为自己而形成有活力语言的基本要素的核心。

在这一阶段,人们甚至做不出美丽的门窗了。

所有这一切表明:一个城市,其中没有富有生命的语言,也不会充满生气。

凭借上面说的控制来建造充满生气的建筑或城市是不可能的,完全不可能的。而且人们用他们现在所具有的僵死的语言灰烬来建造自己的城市也是不可能的。

事实上,城市的建造及其单体建筑的建造基本上是一个发生过程。

没有什么规划或设计可以取代这一发生过程。
而且也没有什么个人的天才可以取代它。
我们对于客体的强调,使我们看不到这样的基本事实:首先是发生过程创造了我们的建筑和我们的城市,首先是发生过程处于良好状态……而当控制它的语言广为使用、广为共有之时,这一发生过程才能处于良好状态。

人们需要一个有活力的语言以便自己来建造房屋。但是语言也需要人……语言的不断使用和反馈才使模式保持良好的状态。

此结论尽管简单,却要求彻底地改变我们对建筑和规划的看法。

过去,规划或设计的每一活动被想成一个对于局部情形需要的自容、原初的反应。建筑师和规划师无疑设想着城市的结构是由这些自容行动的积聚产生的。

我们的讨论把我们带向了完全不同的情境。根据这一观点,存在着已经包含了许多将在环境中出现的结构的基本语言。那些被看成中心的设计活动是使用已存在于这些基本语言中的结构来产生具体建筑结构的活动。

依据这种观点,基本语言结构做了很多的艰苦工作。如果你想影响你所在城市的结构,你必须帮助改变基本语言。如果这种革新没有成为每个人可以使用的、富有活力的模式语言的一部分,在单体建筑或单个平面中的革新仍是无济于事的。

我们甚至可以更有力地得出,"建筑"的中心任务就是单一的、共享的、发展着的模式语言的创造,而每个人对于这种模式语言都起到了作用,每个人都可以使用它。

只要社会的人脱离了用来形成他们建筑的语言，建筑就不可能有活力。

如果我们需要一深而有力的语言，我们只能在许许多多人仍在使用同一语言，无时无刻不在发掘它、深化它的条件下获得。

这只有在语言共享时才可发生。

在下面四章中，我们将看到，共享我们的语言，并使它再次充满活力是怎样可能的。

第十四章

可共享的模式

为重新朝着我们共享并有活力的语言的方向努力，我们首先必须学会如何发现深层的且有能力产生生气的模式。

倘若我们希望把生活带回给我们的城市和建筑，我们必须开始重新以这样一种方式创造我们的语言，即我们所有的人都可以使用这些语言，其中的模式如此强烈，如此充满生活，以致我们在这些语言中所做的东西将自然地开始歌唱。

要做到这点我们只需要找到一种谈论模式的方式，使我们能够共享这些模式。

这如何来做呢？在传统文化中，这些模式作为独立整体存在于你的心中，但你不必把它们作为独立的原子单元来认识，不必知道它们的名字，不必能够说出它们来。只要你能够描述你所说的语言中的语法规则就够了。

然而，在语言不再广泛使用的时期，当人们已被专家们剥夺了直觉时，当他们甚至不再知道那些曾包含于他们的习惯中的最简单的模式时，就有必要使模式明确、精确和科学化，以便它们能够以明确而非含糊的新的方式在公众中被共同使用和讨论。

为使模式明确，以便它们能以新的方式共同使用，我们首先必须考察模式的非常复杂的结构。

通过整本书，我们对模式是什么有了一个逐渐觉醒、增长的理解。这种觉醒始于第四章和第五章，这个概念首先被限定，而后这一概念在第六章扩充而重新限定，又在第十章、第十一章和第十二章再次被限定。

我现在将描述单一模式的结构，以一种包括有活力模式必须具备的所有特性的方式，正像它们在以上这些章里所讨论的那样。

每个模式是一个有三个部分的规则，它表达一定的关联、一个问题和一个解决方式之间的关系。

作为世界中的一个要素，每一模式是一定的关联、在此关联中重复发生的一定的作用力系统以及允许这些作用力自身解决的一定的空间图式这三者之间的关系。

作为一个语言要素，一个模式就是一个指令，表明这个空间图式是如何在任何关联使其相关的地方，一次次用来解决给定作用力系统的。

总之，模式同时是一个发生在世界中的事物，也是一个当我们必须创造它时告诉我们如何创造的规则。它既是过程，又是东西，既是一个有生气的东西的描述，又是将产生那一东西的过程的描述。

模式可存在于一切尺度。

建筑的近人的细部、建筑的总体布局、生态学、城市规划的大范围社会面貌、区域经济、结构工程、建筑构造的细部，都同样可以陈述为模式。

例如，一个区域中的亚文化群的分布、主要道路的选线、工业中工作组团的组织、森林边缘树的安排、窗的设计、花园中花的种植、会客室的布置，都可以由模式说明。

一个模式几乎可以应付任何类作用力。（所有下列模式在本丛书第二卷中加以解释）。

入口的过渡空间解决内在精神作用力间的冲突。

亚文化区的镶嵌解决社会和心理作用力间的冲突。

商业网解决经济作用力间的冲突。

有效结构解决结构作用力间的冲突。

花园野趣解决自然力、植物中自然生长过程和花园中人的自然活动之间的冲突。

交通网解决部分依赖于人的需要场，部分依赖于公共当局政策的作用力。

池塘解决部分是生态作用力，部分是人的畏惧和危险领域作用力之间的冲突。

角柱解决建造过程中产生的作用力之间的冲突。

窗前空间解决纯心理学的作用力。

为使模式明确，我们仅需弄清模式的内部结构。

让我们从一个简单的常识性例了开始。假想我们处在某个场所中。我们有种一般的感觉：某种东西"就"在那儿；某种东西在起作用；某种东西感觉很好。而且我们想具体地识别这"某种东西"，以便我们能够同一些人共同使用它，一次又一次地运用它。

我们必须做什么呢？正像我们现在就要看到的，总有我们必须识别的三个基本要素。

这某种东西究竟是什么？

究竟因为什么，这某种东西使场所富有活力？

而何时或何地这个模式将起作用？

我们必须首先限定看起来值得抽象的场所的一些物理特征。

以奥斯登菲尔卡顿住宅为例，它建于 1685 年，是一个漂亮的旧丹麦住宅，现在在哥本哈根露天博物馆。我一到那里，就发现它具有殊异的特质，如果我将它们描述出来，甚至今天也会有用。怎么才能将它们描述出来，明确得足以一次次重复使用呢？

假定为了讨论的缘故，我以像"舒适性"或"宽敞性"这些特征开始。这些特征无疑存在在那里。但它们不是直接可用的。尽管我试图进一步点明舒适性的想法，

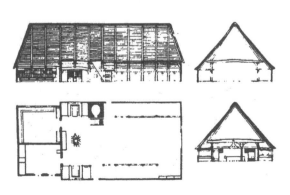

而指出住房的形式把家庭连接在一起是使住房舒适的缘故，但这对于在另一住房加以模仿还是不够清楚的。一直到我识别出有助于在奥斯登菲尔卡顿住宅创造这一特质的特定空间关系，我才开始抓住我可以在另一住房中直接运用的东西。

那么假定，在使之更具体的努力中，我抓住了一个特定的空间关系：主要房间边缘有凹间，凹间中有坐位，各凹间足以容纳一两个家庭成员，它们都敞向公共起居室。这一关系是综合的，但却很好地限定了。它确定了某些部分（起居室、凹间、坐位），并说明了这些部分之间的空间关系。

这一模式明确限定了，如果你要设计一个住宅，你可以在设计中直接结合这一模式。你可以把这个想法解释给第三者，他会通过看任一住宅平面，决定它是否有此特征。到这种程度就相当好了。但尽管如此，这种模式还是不能共用。为了使它可以共用，我们必须能够评论它。而为了评论它，我们必须知道它的功能性目的。

接下来，我们必须限定这一问题，也就是规定此模式实现平衡的作用力场。

为什么它是个好主意？凹间环绕一个房间解决什么问题？回答这个问题时，我可以像这样说：没有凹间的起居室，由于下列原因不能使用：家庭成员喜欢在一起，但是在夜间和周末，他们可以在一起，个人做个人喜欢做的事——缝补、家务……因为这些东西是凌乱的，常常需要放在那里，他们不能够在起居室做——起居室不能太乱，因为也许不知何时就会有客人来访，它必须是一个接待客人的合适的场所。这样，家庭的各个成员只好到他们自己个人的地方——厨房、卧室、地下室——做这些事情，家庭就不能够在一起了。

这里有三种力在起作用：

（1）家庭每一成员有自己的个人爱好——缝衣、木作、模型制作、家庭作业。这些活动按照正常的习惯，东西常常需要放在一个地方，因此，人们倾向在东西可被安全放置的地方工作。

（2）住房中公共场所必须保持整洁，一来因为会有访客，二来因为这样不会有一个人或一件东西严重侵扰整个家庭的舒适和便利。

（3）一家人做这些不同的事情时，会喜欢在一起。

在有一个普通起居室的普通住宅中，这三个作用力是互不相容的，凹间使它们得以解决。

最后，我们必须限定这个作用力系统所存在的，以及物理关系模式将确实使它平衡的关联域。

现在，模式是清楚并可共享的了。但还有一个问题悬而未决。这个模式到底在哪儿有意义？它在一个圆顶茅屋中有意义吗？很难。它在单身居住的村舍的起居室中有意义吗？显然不会有。它到底何时有意义呢？

为使模式真正有用，我们必须限定适合于所提问题出现和解决的关联的准确范围。

在这种情形中，我们应须限定这样的事实，模式适用于美国和西欧所有大家庭住宅的起居室（也许在其他文化中，有赖于当地特殊的习惯和生活方式）。而且，如果一个住房不只有一个"起居室"，像有些英国住宅有前客厅和后客厅，那么凹间的想法将不会用于这些起居室，只会用于使家人度过许多时间的场所。

总之，我们看到，我们限定的每个模式必须以规则的形式制定，规则在一个关联、一个在关联中呈现的作用力系统和一个允许这些作用力在关联中自己解决的图式等三者之间建立了一种关系。

它具有下列一般形式：

关联→作用力系统→图式

在前例中，就是下列内容：

公共房间 → 私密和公共之间的冲突 → 凹间敞向公共房间

每个有活力的模式正是这样的一个规则。

因为包括关联，每个模式就是一个自含的逻辑系统，它作出了事实的双重陈述，不仅仅是一个价值的陈述，因而它可以是真的，也可以是假的。首先它表明，给出的问题（在提出的作用力之间的冲突）存在于提出的关联域之中。这是一个经验的陈述，可以是真的或假的。其次它表明，在给定的关联中，给定的解决方式解决了给定的问题，又是一个既可以是真也可以是假的经验陈述。

因而模式是有活力的陈述，不是一个意趣、文化或观点的问题。相反，它在有限的关联、一系列出现在那里的作用力和解决这些作用力的模式之间建立了一个明确的经验关系。

为了发现有活力的模式，我们必须从观察开始。

发现有活力的模式和发现任何深奥的东西没有什么不同。它是一个缓慢的、深思熟虑的过程，在其中我们寻求发现某种深藏的东西，而且我们认识到，我们开始通常是错误的，只可以慢慢地去接近一个恰当的阐述形式。

让我们以入口的情形为例。

首先从漫步开始，看看那些住宅入口，注意它们令你感觉合适与否，它们是否让人感觉舒适、富有活力……

把入口分成两类：进入过程感觉很好的入口和进入过程感觉不好的入口。

现在努力去发现所有感觉良好的入口共同的特征，

以及所有感觉不好的入口缺少的某种特征。

当然，你不可能做得很完美。一个入口也许并不感觉很好，但却有着某种完全不同的美。不过，尽管实验如此不完善，你还是能够限定出所有好的入口所具备的以及所有坏的入口所缺乏的某种特征，总之，寻找区别它们的关键的特征。

这一特征将是一个高度复杂的关系。

它不会像"所有好的是蓝的，所有坏的不是蓝的"那样简单。在入口这种情形中，例如，以我的体验得出：所有好的入口在道路和前门之间都有一个实际的场所，其中有地面的变化、视域的变化，或许还有标高的变化，也许你从一个树枝或垂下的蔷薇下经过，经常有方向的变化。道路和前门间有这样一个实际的场所，你就可以首先从街道到这里，然后再从这里到前门。在最佳的情形中这里常常有个隐约的远景——你不能在街上看见，也不能从前门看见，而只能在两者之间的一瞬看到。有时，入口比这更世俗，典型的伦敦住宅门前不过有个升起几步、由栏杆标志的小平台，一个小憩的地方。它是不完全的，也许太微小了，但在这个非常局促和密集的情形中，至少起到了一点作用。

现在着手确定缺乏这一特征的入口中所存在的问题。

为做到这点，我们必须努力搞清楚哪些力在起作用，而且我们必须制定一种模式，用某种措词清晰地说明为什么它能帮助解决而没有它就不能解决的某种作用力系统。

倘若我们自问，何以入口的过渡空间是重要的，我们就会认识到，它们创造了某种"间"，内外之间的歇息空间——一个准备的地方，在其中一个人可以改变其心理状态，适应不同的条件：从喧哗、嘈杂、公共、易伤、暴露的街道感受，转变成私密、平静、亲切、安全的室内感受。

如果我们试图精确地阐述支配这种转换的作用力，我们会看到，它们大大有助于揭示使这些过渡起作用的定式。

例如，当一个人经过一个不同于街道感受的间断地带时，会有街道伪装得以"清除"的印象。

问题的认识有助于揭示解决问题的定式……

如果的确存在像这样的一些力在起作用，我们可以推断，会起最好作用的过渡是那些从外到内的过程中许多不同感觉特性变化的过渡。视域的变化，脚下地面的变化，光线的变化，声音的变化，高度或标高的变化，踏步、气味的变化——一支悬垂的茉莉……

如果我们接受这个以问题的陈述构成的参考的东西，并以此看一下更多的入口，我们就有能力更敏锐地区分那些不起作用的和起作用的入口。

问题和作用力的陈述帮助我们厘清那种负责使作用力系统达到平衡的模式。

观察过程不是以线性方式从问题到解决，也不是从解决到问题……它是一个以任何我们可以使用的手段同时从所有方向考察事物的综合的过程。我们试图识别出一个坚实可靠的定式，它以一种不变的方式，联系了关联问题和解决方式。

有时，我们从一系列正例出发来找出这一定式。

那是我们在凹间情形及入口情形中所做的，其中的每一种情形，我们都设法认识一些使我们感觉良好的场所的基本特征。

而有时，我们可能从反例开始，并对它们加以解决来发现定式。

例如，黑暗和阴影的问题。比如，我注意到我住房的北面阴湿、灰暗，看来没有谁喜欢去那里，或利用它来做什么事情。

我想知道我能对它做些什么。

我寻视周围，发现那些紧靠建筑北面的室外地段常常看上去杂乱、闲置、零散。

然后，我开始寻找周围完全不同的那些地方。我意识到它们之所以不同是房子安排在土地的北边，开敞空地留给南面，因而能够得到阳光。

我做了一个实验，以便找出我的直觉是否靠细心的观察产生。

我询问人们，他们坐在住房周围的何处，而绝不坐在何处。20例中有19例，他们坐的地方都是住房的南边或紧挨着南面。绝不去坐的地方是所有朝北的地方。

因此，我们形成了模式**朝南的户外空间**。

寻找模式的正反探讨总是互补的——不是排斥的。作为某种正面东西的抽象开始的凹间也可以以现代起居室的症结所在的分析开始。

作为某种反面东西——北部空间黑暗闲置的特征开始的面南室外——当然，也是由面南的充满阳光的草地和平台的生动温暖的特征所启示的。

偶尔，我们完全不从具体的观察开始，却纯粹用抽象的论证建立定式。

当然，模式的发现不总是历史的。我举出的一些例子也许看上去好像从观察中发现模式是唯一的方法。这就意味着不可能找出还未在世界上存在的模式，这就因而意味着一个幽闭恐怖的保守主义：因为永不会发现尚未出现的模式。真实的情况完全不同。一个模式就是绝对控制的关联、作用力以及空间关系三者关系的一个发现，在这个意义上讲，它是一个发现。这一发现可以纯粹在理论层次上做到。

例如，模式**平行路**就是基于高速的车辆运动和步行需要、事故的问题、漫长的行驶时间、很低的平均速度等连接起来的作用力，是通过纯数学推理而发现的。我们发现它时，尚未注意到它实际是 20 世纪 60 年代出现的模式，而且只是以后才认识到，分开平行的干线在一些主要城市是作为一个模式出现的。

同样在实际发现之前，通过假定一个带有一定特性的化学元素的存在，是可能发现铀的。

在所有这些情形中，不管使用什么方法，模式就是发现某一恒定特征的尝试，这些特征以某种特殊的作用力系统把好的场所同坏的场所区分开来。

模式试图抓住的正是那种实质，那种在所提关联中对所提问题的所有可能的解决方式都共用的关系场。它是解决问题的千变万化的形式背后的定式。对于任何给定的问题，有许许多多的特殊的解决方式，但是有可能会找到所有这些解决方式共同具有的某一特征。这就是一个模式所要做的。

许多人说，他们不喜欢给问题以"一种解决"方式，这是一个严重的误解。当然，对于任何给定问题有千种、万种，事实上有无穷数量的解决方式。在单一陈述中自然无法抓住所有这些解决方式的细节。为发现适合于其特殊情境的问题的新的解决方法，总要靠设计者的创造性想象。

但是当它被恰当地表达出来时，一个模式就限定了一个定场，此定场在关联陈述的范围中抓住了对给定问题的所有可能的解决方式。

找出或发现这样一个定场的任务是艰巨的。它至少也像理论物理学中发现某种东西一样艰巨。

我的经验表明，许多人觉得很难使他们的设计想法明确，他们希望以不严格的、普通的术语表达他们的想法，不希望以使其精确的模式来表达。最重要的是他们不希望把它们表达成限定了的空间诸部分之间的抽象关系。我也发现了人们总不擅于这样做，这做起来的确是很艰难的。

一个住房的入口应有一种神秘的特质，它既避开公共领域，又暴露给公共领域，这是容易提出的。

这种陈述是不精确的，建筑师曾做过大量这类模糊的思考。这是一种回避。相反如果我们说，前门至少应距离街道 20ft，它应是可见的，从室内透过窗子应看到住宅前面的地方，但是从街道上不可能透过窗子看进去，在转换过程中，需要面层的变化，人到这里应进入一个既不同于室内又不同于街道特性的领域，他应有一瞬能完全避开街道的视域——那么这些陈述是可以成为要求的，因为它们是精确的。

但要精确是非常难的。

尽管你已决定了要做，但作出真正抓到点子上的精神陈述，却是难以想象的艰难。每一次观察，正像我方才举的对住宅入口神秘特质的观察，都从直觉开始。准确认识这些直觉情感的关系，在建筑中不比在物理学、生物学、数学中更容易。达成强有力而深刻的抽象是一种艺术，它需要极大的能力深入事物的本质，才能得到真正深刻的抽象。在科学中，没有谁能告诉你如何去做；在设计中，也没有谁能告诉你如何去做。

精确是特别艰难的，因为绝没有任何一个完全准确的模式。

当我们认识到我们的数学能力对于精确地表达这一简单的模式是多么的有限时，就容易理解这点了。

以"大致的圆"的想法为例。如果我叫你指出大致圆的东西来，你可以轻而易举地做到。但如果我叫你精确解释我们以大致的圆来指什么时，那就变成非常难做的了。圆的严格数学定义（各点同中心点等距）是太窄小了。自然中没有一个大致的圆准确遵守这个准则的。另外，宽松的定义（如各点离给定点 9 ～ 10in）又太宽了。比如，它将包括离奇的圆周线上没有两点互相接近的之字形结构，甚至一个大致的粗圆沿其圆周线也有某种连续性。

准确地抓住"大致的圆"，我们必须找出一个正好在太窄太宽之间的公式。但这就转化成了一个艰深的数学问题。

倘若连任何小孩皆可用手指在灰土上画出的简单的圆都如此难以确定，那么像"入口转换"这样一个复杂的定式，几乎是不可能精确界定的了。

不去在太窄和太宽之间达到平衡，你就必须把一个模式表达并想象成一种抓住了模式的不变场的一种流动的意象，一种形态感受，一种对于形式的萦绕的直觉。

模式**入口的过渡空间**论述了这样的事实，街上的人们是处于公共场所的心境，在他们进入个人熟悉或封闭性的住宅时，需要经过一个可以改变这一心境的区域。

正如我们所看到的，当一个人经过一个不同于街道感受的间断的地带时，街道的假面具就会去掉。因而在一段时间内，模式就被陈述为"街道和前门之间做条小路，经过一个其中改变了方向、改变了水平、改变了地面、改变了景观、改变了光线特质的过渡地带"。

对于一些住宅（如加利福尼亚郊区的住宅），这一段话是完全准确的。但在密度更高，没有前院，街道上的前门只让人们站在门口同街道接触时，过渡就不能在前门和街道之间完成了。

如果像这样，过渡可以很好地处理在内部。例如，我们设计的秘鲁住宅中，做了一个庭院，在前门里面，主要的起居面积环绕并开向庭院。一个人进入住宅首先经过前门，然后经暗径进入天井的光亮之中，再进入连接家庭起居室和客厅的凉爽的走廊。这是传统的西班牙式解决方式，当然它并不包含**入口的过渡空间**模式。

但是，正如你可以看到的，它并不遵从像上面陈述的模式的字面意义，过渡空间不是在街道和前门之间——它在前门里面。为使设计有意义，需要遵从模式的精神，而不是字面的意义。

真正发生的事情是存在着对某种形态的感受，它是几何性的，但却是感受，不是一个可用数学符号精确表示的关系。

一个跳跃、流动但绝不能限定的整体回荡在你心灵之中。它是一种几何意象，它远远超出对问题的认识，伴随着它的还有解决问题的各种几何形象的认识和几何形象所产生的感觉。它最重要的是一种感受——形态的感受。这种不能用任何精细公式准确陈述而只能粗略暗示的形态感受正是每个模式的核心。

那么一旦你发现了像这样流动的关系场，你就必须把它作为一个整体加以再限定，使之可以使用。

只有你这样做时，它才成为有用的操作指令——因为现在你可以告诉一个人来建造"其中的一个"了。

记住，我们的模式是以我们看世界的方式描述的建筑元素。厨房、边道、高层办公楼，这些是我们时代的模式，而我们的世界是由模式组成的。新的模式必是我们希望建造的新的建筑元素，我们希望看到世界所组成的内心的建筑元素。

再看看入口的过渡空间。最初的发现表明，一个人进入某住宅时，他体验光线、地面、方向、景致及声音的许多不同的变化是必要的，这样房子和街道的公共特质就充分区别开来了。这可以表述为街道至门的路的特性。我们可以说，这条路必须有一定的特性。但在这种状态下，这种看法还不适于形成一种模式。

使它成为一种模式，我必须自问：我带给世界什么样的新的整体会产生这些特性？

什么样的整体概括和抓住了这些特性限制的关系场？答案是，一个实际空间的整体，光线、颜色、景观、声音、地面变化的"过渡空间"。

当然，我们知道我现在称为"过渡空间"的这个东西实际不过是个虚构的，因为看起来的某种东西不管怎样完全是由其关系场限定的。但是，人思想中的某种特质，要求把这个场看成是一件东西，以便使它被理解、被制作、被用作语言的一部分。

我们必须使每一模式成为一种东西，以使人的思想易于运用它，以便它可以参与到我们模式语言的其他模式之中。

同样，你必须能把它画出来。

如果你不能画出其图式，它便不是模式。如果你认为你有了一个模式，你必须能够画出它的图式。这是一个粗糙的但却必不可少的规则。一个模式限定一个空间关系场，因而总有可能画出每一模式的图式。在图式中，每部分将作为标记了的或涂了色的部分出现，诸部分的分布表达模式指定说明的关系。如果你不能将它画出来，它就不是一个模式。

最后，也因为同样的原因，你必须给模式定名。

寻找一个名字是创造或发现一个模式的基本部分。某一模式只有一个含混的名字就意味着它不是一个清楚的概念，你就不能清楚地告诉我做这么"一个"。

假定我处在发现入口的过渡空间模式的过程中。我朦胧地意识到在街道和住宅之间有某种变换的需要：感觉的变化帮助产生了态度的变化。也许一开始我称这种模式为**进入过程**。我希望进入过程的名字将向你解释这一事实。但实际上，你不知道如何创造这一感觉的变换。进入过程还太模糊。

现在假定我称这个模式为**住宅街道关系**。在此阶段，我意识到具体的几何会创造过渡。我注意到需要某种关系。但我还不知道这种关系是什么。

现在假定，我把名字变成**从街道间接到达前门**。这就解释了特定关系。我可以实际用于设计。但它还是一种关系。对我来说确定设计中它是否存在，还是很困难的。

因此，最后，我把它叫作**入口的过渡空间**，具有了转换街道和住房的某种实际的场所的意思，并有了一定的特定特征。现在，我只顾自问，我把**入口的过渡空间**用于设计了吗？我可以立刻回答。如果我告诉你建造一个入口的过渡空间，你确切知道要做什么，你可以做什么。

它是具体的，易为的。而且它更准确。最后，我充分明白了问题所在，知道了如何去做。

在此阶段，模式明显地可共同使用。

人们可以讨论它，重新使用它，改进它，用来检验他们自己的观察，自我决定在一个他们要做的特定建筑中是否想使用这种模式……

或许更为重要的，模式足够开放，成为经验上易于改进的。

我们可以自问：这个作用力系统在陈述的关联中实际出现，这是确实的吗？

实际的公式化的解决方式，真能在所有情况下解决这一作用力场吗？

解决的精确公式是实际所必需的，缺乏这种特征的任何入口其中必有无法解决的冲突，这些冲突将把它们自己传达给经过它的人，这是确实的吗？

我们可以因此加强我们的经验观察，并开始第二轮观察，它将很好地调整初次的观察。

当然，甚至现在模式还是尝试性的。

确定恒式只是一种尝试，但永远只是尝试。正因为这是无疑的，精确阐述的某种东西就改变不了它还只是使一个入口美妙的一种猜测这样的事实。

这种猜测也许在这一问题的阐述中是错误的，例如，作用力可能完全不同于描述的那些作用力。

而且,这种猜测也许在解决的程序中是错误的,例如,帮助解决问题需要的实际关系模式可能陈述得不正确。

但是现在模式足够清楚，因而可以共用。

任何人不辞烦劳，细心考虑，就可以理解它，它有一个清晰阐述的问题，基于任何人可以自己检验，并可以对照自己体验的经验性发现。它有一个明晰的公式化解决方式，任何人可以理解并对照那些看来在他周围起作用的入口。它有一个明晰阐述的关联，允许一个人决定是否可以应用这个模式，并让他看看他是否同意其应用范围。最后，自然，任何人可以使用这一模式。它是如此具体、如此清楚地表述为某种规则和某种东西，以致任何人在他生活的建筑或将建的建筑中都可以建造它或设想它。

总之，不管这一阐述是否像它所应有的那样正确或不正确，模式可以被共享，恰恰因为它是可争论的和尝试的。实际上，它可以争论，这正是它可被共享的关键所在。

　　最后，为向你表明，阐述可被共用的模式对任何一个人是多么的自然，我现在将描述同印度朋友吉塔的一次谈话，在其中我试图帮助她理解她自己体验的模式。

亚：首先请告诉我你非常喜欢的一个地方。

吉：需要我向你描述这个地方吗？

亚：不，只考虑、想象它，回忆你喜欢它的什么。

吉：小客栈。

亚：好，请试着告诉我是什么使这个小客栈成为一个很美的地方的。

吉：噢，是发生在那里的事情——小客栈是人们长途旅行相遇并一起度过一段时间的场所，是发生在那儿的所有这些事情的有趣气氛使它别有情趣的，我很喜欢它。

亚：你能试着分析出使它趣味盎然的设计特征吗？我希望你尝试着尽可能清晰地告诉我，为创造另一个和小客栈一样美的地方，我所必须做的事情——请给我一个抓住了小客栈设计优点之一的指令。

吉：不是建筑使这个小客栈趣味盎然的，而是发生在那儿的事情——是你遇见的人，你在那做的事情，人们入睡前讲给你的故事。

亚：是啊，这确是我所指的。当然，是气氛使这个
小客栈趣味盎然的——而不是建筑之美或其几何
形体；但我在问你是否可以为我解释一下，是哪
种建筑特征使这种气氛成为可能，使经过小客栈
的人们创造了这种气氛的呢？

吉：我不明白你说的是什么。我刚告诉你了，它依
赖的确实不是建筑，而是人。

亚：那好，让我像这样来说，想象一个美国的汽车
旅馆，你描述的气氛会在这样的旅馆中发生吗？

吉：噢，我明白你说的是什么了。不会的，在这些
美国汽车旅馆中是不会发生的。那里有那么多的
私人房间，经过旅馆的人只通过主要门口，在柜
台前谈几分钟话，然后都到各自的房间去了。我
谈的小客栈不像这些——不过在美国也许不可能
有像这样的小客栈——这是个社会问题——在美
国，人们要求私密，他们不想相见和谈话——他
们不喜欢在每个人都可以看到的地方同丈夫或妻
子睡在一起——因而也许小客栈很特殊，我描述
的这种气氛依赖于使用客栈的人及其习惯的生活
方式。

亚：是的，就是这样，一个模式有一种关联。当然，
你在解释的模式也许对美国没有意义——也许它
只应用到印度的关联。那好，这个模式只对印度
适用——现在试着告诉我，模式都是什么。

吉：好吧。在印度，有许多这样的客栈。人们相会的地方，有一个庭院，院子的一边是他们吃饭的地方，旁边有照管客栈的人，在院子的其他三边有房间——房子前面是一个连拱廊，也许从院子上一级台阶，进深约 10ft，另一级台阶导向房间。晚上，大家聚在院子中，一起交谈、吃喝——这是非常特殊的——夜里都睡在走廊上，大家都睡在一起，围绕着院子。我想，所有的房间都相同，因而当他们住在那儿的时候，所有的人都感觉到平等，每个人自由交谈，这也是非常重要的。

亚：说的太妙了。好，我们谈谈这个模式所解决的问题。有必要吗？你是否认为没有你描述的模式，人们也可以安排好？

吉：我看不出其他的模式是怎么能做到，如果房间是分离、私密的，那就成了汽车旅馆那样的了，每个人都成了孤独的了。如果不在一起吃饭，哪有什么交谈的机会？我想它必须是我刚描述的那样。所有我知道的印度宗教城市的客栈都像这样——我甚至不能想象出不是这样的客栈。

亚：让我们像这样限定这个问题："人们旅行时，他们有点孤独，也因为他们旅行为的是开开眼界，希望有机会同其他游客在一起。"现在你可以告诉我，什么时候这个模式有意义，什么时候无意义——模式的恰当关联是什么？

吉：嗯，它必是人们长途旅行经过的地方，在那里

人们处于这样一种气氛之中——在印度这样的
客栈大多在宗教朝圣场所，人们在那里要做朝
圣——我想，它是旅途中的一种非常特殊的聚会
点，肯定是这样的。

亚：它在格陵兰会有意义吗？

吉：我不理解。

亚：你认为气候是关联的一部分吗？

吉：噢，当然，客栈位于炎热的地方是非常重要的，
这样你不只由于社会原因露宿廊下，而且也由于
炎热——你可以找到通风的地方，并把你的床放
在最舒服的地方。

亚：因而，在一个公开交往的社会和人们想在外面
睡觉的炎热天气中，这种模式对任何一个长途旅
行的人们经过的客栈都有意义。

现在，我们又一次有了一个模式的开端。

到现在为止，我们以非常直觉的术语把一个问题陈
述为那种在人们相聚的客栈生活中扮演了重要角色的气
氛。我们已经描述了空间关系场——庭院的安排、外廊、
吃饭的地方、睡觉的地方和客栈老板的私人空间——使
这一气氛成为可能。我们已经陈述了使这种模式有意义
的关联。三者都还需要精炼，也许需要更精确——但我
们现在有了一个模式的开端……

大量这种形式的模式已被发现。

十年前，我们一组人开始限定模式来创造一种语言。现在 253 个这样的模式已出版在本丛书的第二卷《建筑模式语言》之中了。

253 个模式针对的范围从大到小。最大的一些涉及区域的结构，像城市的分布和城市的内部结构等。中间范围的模式涉及建筑、花园、街道、房间的形状和活动……最小的模式讨论组成建筑必要的实际的物质材料及结构，如柱、穹顶、窗子、墙和窗台等的形式，甚至装饰的特征。

每一个模式都试图抓住某种情况中使其活跃的精华。

每一个模式都是一个定场，需要解决一定的诸作用力之间的冲突，并表达为一个有名字的整体，这一整体具有如此具体的指令，以致任何人可以建造（或协助建造），而且具有如此清楚地陈述的功能基础，以致任何人可以自行决定是否真的在何时或不在何时将它融进自己的世界之中。

逐渐地、通过艰苦的工作，就可能发现许多深层的、能有助于带给建筑或城市生气的模式。
它们因文化而异，它们有时在不同的文化中，有稍微不同的同一模式的形式。

不过完全可能发现并写出这些模式，使它们能被共同使用。

第十五章
模式的真实

　　然后，我们可通过体验的检视逐渐改进这些共同使用的模式，可以通过辨识它们使我们产生何种感受来十分简单地确定，这些模式是否使我们的环境充满活力。

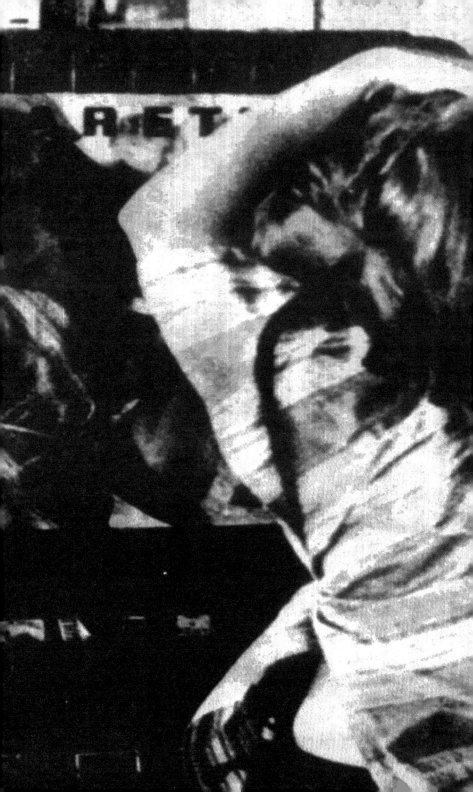

我们在上一章已经看到了，存在着一个人形成一个模式并使其明确以便其他人可以使用它的过程。许多这样的模式已被写在本丛书第二卷中了。

但至今还完全没有确证，这些模式中的哪一个会起实际作用。我们希望每一个都成为一个生活源泉，一个发生的、自持的模式。但这实际吗？我们如何能够区别起作用的、深层的、值得效仿的模式和那些单纯幻想的、疯狂臆造的模式呢？

假定我们试图承认一个模式。

我们何以确定它是有活力的，或不是有活力的呢？

假定你在辨认某人写下的一个模式。

你如何能够决定是否使其成为你语言的一部分呢？

考察表明，如果模式个别陈述是经验真实的话，模式就是有活力的。

我们知道，每一模式是一个一般形式的指令：

关联→冲突的作用力→图式。

因此，我们可以说，只要我们可以表明一个模式满足下列两个经验条件时，它便是好的：

（1）问题是真实的。这意味着，我们可以把问题表述成所述关联中真正发生的，且不能正常解决的作用力之间的冲突。这是一个经验问题。

（2）图式解决这一问题。这意味着，当所述各部分安排出现在所述关联中时，冲突可以得到圆满解决，这是一个经验问题。

但是，一个模式并不因为其组成部分的陈述都是真实而有活力的。

我曾听到的最有趣的模式例子之一是"疯人院阳台"。

这是一个学生某次创造的一种模式。它提出：任何精神病房的阳台应有一个齐胸高的栏杆。理由是这样：一方面，人们希望能够欣赏景色——这也适用于精神病人。另一方面，精神病人有"跳楼的倾向"。为了解决作用力之间的冲突，阳台的栏杆必须足够高以防病人跳下去，但又要足够低以便欣赏景色。

我们第一次看到此处，笑了几个小时。而且可笑的是，它看上去遵从了模式的形式，它有关联、问题和解决方式：这一问题表述成了冲突的作用力系统。

使其可笑的是什么呢？

事实上，尽管其个别组成部分的陈述是真实的，但作为整体的模式却缺乏经验的真实性。

这种阳台不能让病人自我治愈，它无助于世界的完善。

这种模式是可笑的，因为我们骨子里感觉到这种阳台的建与不建根本在世界上不能产生什么差别。我们知道这个问题不能以这种或任何类似的方式解决。

甚至一个模式看来很实用，背后又有清楚的理由，也根本不意味着它必然有能力产生活力。

比如，柯布西耶以极大热诚和严肃态度创造的著名的绿化中高楼耸立的辉煌城市模式。柯氏相信，这种模式将有可能给每个家庭以阳光、空气和绿地，他花费了许多年在理论和实践上发展这一模式。

然而他忘记或没有意识到：系统中另外有一个重要的力——要求庇护和领域性的人的天性在起作用。高层建筑周围广阔的抽象美的绿色空间不被人利用，因为它们太公开了，它们同时属于太多的人了，上百所公寓的眼睛在俯视着它们。在此情况下，这一作用力——一种动物的领域天性——破坏了此模式产生活力的能力……

只有当模式解决了在这种情境下实际存在的所有作用力时，它才起作用。

表面上，这是一个简单的概念。一旦我们发现一个使作用力平衡的模式，这一模式便自然会开始产生第二章所描述的无名特质——因为它将有助于那一世界的作用力自由作用的过程。相反，如果一个模式以留下其他未解决的作用力为代价而解决一些作用力，它总会缺乏无名特质。

理论上讲，像这样来识别这些有活力的模式，把它们同那些没有活力的模式区别开来，是很容易的。

实践却证明那是非常艰难的。

困难之处是我们没有可靠的方法，确切知道何为一个情境中的作用力。

模式仅是一种精神意象，它可以帮助指出哪些情形中作用力将是协调一致的，哪些将不是。

尽管在真实状况中可能出现的实际的作用力是客观存在的，最终却是无法预言的，因为情况总是非常复杂的作用力，根据情形的微妙变化，可以发展或消亡。

如果我们以某种作用力系统制定一个我们想描述的情境的模式，而这一系统的描述恰恰是不完全的，那么模式会很容易成为可笑的。

我们还没有确定何为作用力的分析方法。

我们需要一种获悉作用力的方法，来克服理智的困难而迈向经验的核心。

我们需要一种方法，知道哪种模式会真正给世界带来生气，哪种模式不会带来生气。

而且我们需要比分析方法更可靠的工作方法。最重要的是，我们需要一种依靠实际将发生的经验现实的工作方法，而无须太昂贵的复杂而广泛的实验。

为了做到这点，我们必须更多地依赖感觉而非理智。

尽管一种情形下的作用力系统是非常难以分析限定的，但以一种极好的方法告诉模式有无生气却是可能的。

事实是，模式解决了作用力，我们就感觉很好。

而模式留下了未解决的作用力时，我们就不自在、不舒服。

模式**凹室**使我们感觉很好，因为我们在那儿感觉到了系统的完整。

理论上是可以阐述凹室解决的作用力的。例如，这些作用力使我们在公共聚集的边缘保持私密，而同时保持同那里的一切公共的事情相接触。但却是凹室使我们感觉良好这样的事实确定了它，使我们肯定这一阐述具有某种真实性。冲突是真实的，因为凹室使我们感觉到生气，而且我们知道模式是完整的，因为我们在那儿感觉不到残余的应力。

模式**丁字形交点**使我们感觉很好，因为我们在那儿感觉到系统的完整。

理论上是可以阐述丁字形交点解决的作用力的。一个丁字形交点为驾驶员创造了较少的车流交叉及较少的冲突，而这是把模式置于稳定的经验基础之上的。我们在交叉口都是丁字形的道路上驾驶时，感觉更舒适、更放松，正是这点确定了丁字形交点，并使我们确信问题是真实的、完整的。而后，我们知道，不存在意外的、隐藏的交叉运动；不存在小汽车突然穿过我们行进道路的可能性——总之，我们在那儿感觉很好，而我们感觉好，是因为丁字形交点解决的是真实的、完整的、冲突的作用力系统。

亚文化区的镶嵌使我们感觉很好，因为，我们又一次在那儿感觉到了系统的完整。

还是存在一种论点，表明当亚文化群由公共地带相互分开时，每一亚文化以其自己的方式发展。在这种情形中，作用力系统是十分复杂的，如果我们打算在这种模式中识别一个作用力完全平衡的系统，我们肯定感到疑惑。又一次，确定性来自这样的事实，在这个模式存在的地方，我们感觉很好。像在洛杉矶的中国城或索萨里托，因为它们和附近的社会略微分开，以自己的生活而富有生气的地方，我们就感觉好。我们之所以感觉好是因为心里感觉不到压抑，感觉到的是在这个社区中按照自己的道路的自然的发展，因为它们不受周围不同生活方式社区的压力约束。

相形之下，思想产生的无感觉的模式，完全缺乏经验的真实。

精神病院阳台没有使我们产生任何感觉。当然，当我们刚听到它时，立刻就知道，像这样的一个阳台不会使我们惊奇。其中没什么感觉，感觉的贫乏是空虚的认识自身表现给我们的方式。

而柯布西耶的辉煌城市使我们感觉更糟：它本身就使我们感觉很坏。它可以唤起我们的理智或我们的想象，当我们扪心自问，在真的照这样建成的地方，我们将有什么感觉呢？我们再次知道，它将不会使我们感觉到快活。我们的感觉又一次是其功能空虚的认识自身表现给我们的方式。

而后，我们看到了，在作用力系统的平衡和我们对解决这些作用力的模式的感受之间，有一个基本的内在联系。

之所以如此是因为我们的感觉总是面对着任何系统的整体，如果有隐含的作用力，隐含的冲突潜伏于模式之中，我们就可以在那里感觉到。我们感觉模式很好，是因为它是名副其实的有益的东西，而且我们知道，没有隐含的作用力潜伏在那里。

这使检验任何给定的模式较为容易了。

当你初看一个模式时，你会凭直觉立刻说出，它使你感觉好，你想生活在其中有此模式的世界，因为它帮助你感觉更有活力；或是使你感觉不好，你不想生活在其中。

如果一个模式使你感觉很好，它就非常有可能是个好的模式。如果一个模式不能使你感觉很好，它是好的模式的可能就很小。

我们总可以自问，一个模式给我们何种感觉，而且我们也总可以同样询问他人。

设想有人提出铝制模数墙板在住宅建造中非常重要。只需要问他，在用这些材料建造的房间中他感受如何。

他将能做出几打评价实验来证明是好的，它们使环境更好，更清洁、更健康……但有一件事他却做不到，如果他对自我诚实的话，那就是声明模板的存在是区别他感受良好的场所的特征。

他的感受是直接和明确的。

当你问某人意见时，回答根本不是这样。

如果我问某人他是否对"停车房"满意——他会给出不同的回答。他可以说："这全看你指什么了"，或他可以说"它们也无法避免"，或也可能说"它是对困难问题的最有利的解决"等。

这一切无一同其感受相关。

问一个人的趣味，回答也不是这样。

倘若我问一个人他是否喜欢六角形建筑，或者像鞋盒的公寓一个叠一个的那种建筑，他会把这看成是关于他的趣味的问题。在这种情况下，他会说："它是非常有创造性的"，或希望证明他有很高的趣味："是的，这个现代建筑是很吸引人的，不是吗？"

还是没有一个同其感受相关的。

问一个人如何看待一种想法时，回答也不是这样。

再假定我阐述了某一模式，在问题的陈述中，这一模式描述了大量的问题，一个人可以将它同他关于世界的哲学倾向、态度、认识、想法联系起来——而后，他又会给我大量混乱的回答。

他会说："好，我不赞成这样或这个事实的阐述，"或者他可以说："你引证的这种、那种观点的证据已被最权威人士讨论过了"，或又说："好了，我不会认真对待这个的，因为如果你考虑它的长远影响，你可以看到，它绝不会是这样"……

所有这一切又未同其感受相关。

回答只需感受，而无须其他。

到模式存在的地方去，看看你在那里的感受如何。

把它同没有这种模式的地方的感受相比较。

如果你在模式存在的地方感觉更好，那么模式就是好的。

如果你在模式不存在的地方感受更好，或你可以诚实地检查出两组情形之间没有差别，那么模式就不是好的。

这种检验的成功与否随着至今我还没有充分说明的、人们对模式的感受出奇一致的事实而定。

我曾发现，关于模式中的"概念"或关于模式的哲学表达或关于模式看来意指的"趣味"或"风格"，虽然人们可以陷入最令人惊讶的复杂的争执之中，可是从同一文化来的人们对于不同模式的感受却明显地一致。

例如，拿儿童对水的需要来说。几年前，我在旧金山参加一个会议，一天下午，两百多人在一起试图找出在某城市中他们想要的东西。八人一小组，围坐小桌，花了一个下午讨论。在结束的时候，每个小组派出一位发言人归纳了他们最想要的东西。

一些小组相当独立地提到，他们想要他们的儿童有机会在泥和水中，或用泥和水，特别是水来玩耍，以取代公园和学校提供的坚硬的沥青游戏场。

这吸引了我。正巧我们已发展的语言模式之一，**水池和小溪**进入有关这一事实的细节：我们所有的人，特别是儿童需要玩水的机会，因为它解决了基本的下意识的过程。而且这是模式十分自发的确认，直接自人们的感觉中诞生。

或者以医院规模为例。圣保罗的官员，最近开始建造世界上最大的医院——10000 张床位的医院。现在 10 人中有 9 人，也许 100 人中有 95 人会认为 10000 张床位的医院充满了恐惧和干扰。

把这个仅作为经验事实来思考。它是一个安排有序的经验事实，远比偷懒的实验及专家可以收集的观察资料要巨大得多。

科学中，很少有实验中的某个现象有能力产生这样超常水平的一致。

但由于某种奇怪的原因，我们还不愿认识这些感觉的深度、力量和核心。如果把巴西人想到这个医院就感觉不舒服这一事实，作为散布对专家意见怀疑的手段在立法机关提出的话，议员将会莞尔一笑，在这种情形下甚至提及感觉都会是令人为难的。然而这共有的感觉之源是我们互相同一的地方——这是最终我们赞同模式语言的根源。

很容易把感觉看作"主观的"和"不可依赖的"，认为它们不是一个作为任何形式的科学一致的合理依据而将它们排除。

当然，在私密情形中，在人们的感受一个接一个变化非常大的地方，他们的感受不能用作一致的基础。

然而，在模式的范围内，在人们看来90％、95％甚至99％一致的地方，我们可把这种一致看成是超常的，看成是对人类感觉的完整性的几乎突破性的发现，我们当然可以把它作为科学的加以运用。

但为避免重复，我必须再次声明，一致只在于人们的实际感受，不在于他们的意见。

例如，如果我让人们来到**窗前空间**（靠窗坐位、玻璃凹室、看得到室外花草的低窗台旁的椅子、凸窗……），并叫他们把这些窗前场所同那些房间中与墙面取平的窗加以比较，几乎没有人会说平窗实际感觉比窗前场所更舒服——这样我们会获得95％的一致。

如果我把这组人带到有模数墙板的各种各样的地方，把这些地方同用砖和灰泥、木材、纸、石头……建造的地方比较。几乎没有人说模板使他们感觉更好，只要我坚持我只想知道他们的感受如何。这样就又一次获得了95％的一致。

但当我允许人们表达他们的意见或带有他们的想法和意见的感受时，一致便消失了。突然地模制构件和生产它们的工业的坚定拥护者将找出一切理由来解释何以模数墙板更好，它们何以经济可行。而且一旦意见说服了，窗前场所就以同样的方式作为不实际的而被排除，预制窗的需要就作为非常重要的而被讨论……所有这些理由事实上是靠不住的，但仍然是以一种看来不得不让人同意的方式来表现的。

总之，模式的科学的精确性只能来自人们感觉的直接评价，而非来自争辩或讨论。

这些触及现实的感觉有时非常难以达到。

例如，假定某人提出一个水从喷泉的四个方向流出的模式。

如果我向这人提问——那样使你感觉好吗？他回答：是的，当然，那确是我何以要那么做的缘故——它使我感觉好。

这就需要有极强的态度来说出，不、不，等一等，我对这种信口之言不感兴趣。如果你把水从喷泉中大量流出，并以灌溉果园的情形与水在四个方向细细流出的情形比较——现在诚实地、务必诚实地自问——这两者之中哪个使你感觉更好——然后你知道了当水流更大时，它使你感觉更好——它更有意义，世界更加完整。

但承认这一点是艰难的，因为把注意集中于感觉要做非常艰巨的工作。

它也不难，因为感觉不在那里，或感觉是不可信赖的。

它又难，因为长时间注意以及发现谁实际感觉更好要集中大量的、不一般的注意力。

而只有这真实的感觉，这需要注意力的感觉，这需要花力气的感觉，才是达到一致所依赖的。

只是这深得多的感觉，才直接和作用力的平衡相连，直接和现实的特殊时刻相连。

一旦一个人希望像这样严肃认真地对待自己的感觉，并加以注意——排除意见和想法——那么他对模式的感受就可以接近无名特质了。

然后我们看到了，一个平衡模式的概念深深扎根于感觉的概念。

当我们的感觉是真正的感觉时，它给我们提供了找出哪种模式平衡及哪种不平衡的强有力的方法。

但尽管如此，感觉本身并非事物的实质。

在有生气的模式中，存亡攸关的不仅仅是它给我们感觉很好，而且更重要的是，它实际解放了世界的一部分，允许作用力自由作用，它从概念和观念强加的影响中解放了世界。

总之，存亡攸关的东西最终不是别的，而是无名特质本身。

一些模式有这一特质，另一些则没有。那些使我们感觉好的，因为它们帮着使我们完整，我们在它们的存在中更感到我们自己，不过最重要的还是特质本身，不是它对我们的影响。

最终，是模式中的这种特质，产生了有无活力的差异。

以行人和汽车之间的关系为例。

一般的常识是步行者必须同汽车分开，因为这样对他们是安静、安全的。

但问题百出的现实向我们表明，甚至在步行与车行完全分开的城市里，儿童还是跑出来到停车场地玩耍，人们还是随便沿着车行路行走。事实上，人们走最短的路线，而哪里有活动哪里就有车辆。

毫无疑问，步行道为了和平、安静和安全进行了提防汽车的某种处理。但路线也需要经过活动的地方，在那里步行者还可以遇到汽车。

同时处理这些作用力是可能的。如果我们使步行道和车行道相垂直，越过车道但不完全离开它们，我们就创造了和平和安全，也创造了步行者和汽车相遇的地方，活动发生的中心，两个系统相交的地方。

这个事实上解决了作用力冲突的模式，当然，也符合我们感觉到汽车和人之间关系最舒服的地方。在城市的商业区，完全和汽车隔开的道路系统太安静、做作，几乎不真实了，难道这不对吗？相反，难道不是那些安静、美妙，但导向一条车道的步行道使我们感觉到同这些作用力完美平衡的吗？问问你自己，你是否真的不知道在城市中像这样一条步行道，其中有车道在视线内，却在一端越过步行道——并问问你自己，你在那里时，是否感觉不好。

达到了这个程度，这个模式**小路网络和汽车**就是基于现实的。一旦关联保持在我们有小汽车的环境中，这就是正视作用力，并通过真正对待它们无偏见地加以解决的模式。

是现实本身产生了这种区别。

再举一个例子：在我们在秘鲁建造的住宅中，我们把模式建立在可以在人们生活中发现的潜在作用力的基础之上。由于许多作用力是悠久的，我们被引导创造了许多同古代和殖民地秘鲁传统相同的特点。例如，每一个住宅设计了一个正好置于前门里边，接待正式客人的"撒拉"，一种特别正规的起居室，和一个在住宅更后面的家人自己生活的家庭起居室（见模式**私密性层次**）。并且在前门外我们给每一住宅设计了凭眺凹廊。人们可以半在里、半在外站着观看街道（见模式**前门凹进处**）。这些模式都是和秘鲁的传统一致的。人们强烈地批评我们试图走回头路，他们说，秘鲁人的家庭本身在奋力赶上未来，想让住宅像美国住宅一样，这样他们就可以有一种现代的生活方式。

这里的问题不是过去、现在或未来的问题。它是一个简单的事实，单有一个起居室的秘鲁家庭，只要有生人来访，就会碰到冲突——他们是想全家聚在餐桌旁交谈、看电视，同时想对来访者表示礼貌接待而不与家庭混杂在一起。而且如果不可能站在前门观看街道，许多妇女将体会到这样两种事实的冲突：作为一个妇女，她们期望退隐，不太突出，或不直接地坐在街道上，但在住宅里，她们又想体验某种同街道和街道生活的联系。

我没有裁决这些事实。它们只是秘鲁人 1969 年动态的事实。只要这些作用力存在，人们将体验到不可解决的冲突，除非给予这样的模式，否则很难是完整的。

而且最终，只是当我们的感觉完全同作用力的现实相接触的时候，我们才开始看到能够产生生气的模式。

这就是艰难之所在——因为人们常常把他们自己的意见放在先于现实的地位。

时常，人们通过说"要不然试试其他样子的"对这些作用力的描述作出反应而说"应该是另外的样子"。例如，**入口的过渡空间**是部分地基于这样的事实，在城市街道上，人们有一副街道行为的假面具，在一个人于私密或隐匿场合可以放下来之前，需要有一个过渡空间加以去除。

某个人对这一模式的评语是：这个事实是不好的，人们应该学会在街道上同私密处一样，俾使我们大家能够互爱。

这一论点的目的是好的。但人类并非如此柔顺。尽管不出自我们自己的意志，但街道假面具是由我们创造的。它的形成是有关城市环境中人的本性的一个基本事实。

而说如果这个作用力不存在的话，那会更好，就几乎是不负责了。作用力显然是存在的，设计基于这种自说自话的思想是要失败的。

入口的过渡空间之美以及它能够使我们感觉一致是基于我们对这些真实存在的作用力的彻底承认。

而放弃事物"必须是什么"的成见并认识它们真正是什么，是很艰难的。

例如，有一天，男童子军的电台广播说："当你的孩子同其他孩子坐在街道角落时，这是不健康的——给他们机会做他们向往做的事情吧——进行长途旅行、钓鱼和游泳。"这一陈述是用宗教的热情来表现的——当然，是清教道德信徒的深沉企图，要把孩子应该喜欢什么强加到孩子实际喜欢什么之上。自然，一个真正的男孩有时想去游泳，但有时想跑到外面街道转角处同他的朋友在一起，有时也想寻找女孩一同玩耍。认为这些追求是不健康的人绝不会看到实际在孩子中起作用的力——也绝不会使用有任何现实意义的模式语言。

这样的人怎么会认识到**青少年住所**，这个表明少年需要一个稍微脱离父母的去处，以便培养他独立性的模式的现实，或怎么会认识到**户外亭榭**，这个特别注意到十几岁的少年需要聚集在城市公共空间，离开他们家的模式的现实。

一个相信贫民区清除理论的人闭眼不看其中人们的生活现实。一个确信城镇破旧的下等地区必须清除的人，对于在流浪生活中起作用的真实作用力是不在意的，因为他不能接受流浪的存在。一个确信办公室必须"灵活"的人对于意欲成组进行工作的人中起作用的真实作用力是不在意的。

任何关于事情必须如何的成见总干扰你的现实感觉，它使你看不到实际发生什么——这总是妨碍你使环境活跃。它将妨碍你创造新模式，或对新模式视而不见——尤其是，它将妨碍你恰当地使用那些模式来创造完整的环境。

在这方面，对现实的注意远超出了价值领域。

人们通常说，模式的选择依赖于你对何为重要之事的看法。一个人认为高层建筑最好；另一个人喜欢低层建筑；一个人喜欢大量的汽车空间，因为他喜欢快速驾驶；另一个人喜欢强调将空间留给步行者，因为他不喜欢驾驶。

当我们试图解决像这样的争执时，我们被引回人们生活中的基本目的：回到了他们的基本目标或价值。但是人们的价值并不一致，因此这类议论仍然使我们停留在那种模式看来只依赖看法的立场上。根据这种观点，你最好说，一定的模式有助于或无助于满足一定的目标或价值。或者说，一些作用力是"好的"，另一些是"坏的"。

但是一个模式如果是现实的话，它对这种情况中作用力的合法性是不作判断的。

由于模式看起来是非伦理性的，由于它对个别意见、目标或价值不作判断，模式上升到道德范畴的另一层次。

其结果是允许事物有生气——这比任何一个人工价值系统的成功更胜一筹。甚至对那些看来观点正确的人，企图使一种世界胜利也是终究不行的。被忽略的作用力不会离去，正因为作用力是被忽略的，它们的压抑潜伏着，它们迟早会爆发出来，那些看来胜利的系统便面临着大得多的灾难性危险。

一个模式可以有效地帮助使一情境真正有生气的唯一办法是：认识到实际存在的所有作用力，然后寻求一个这些作用力互相不冲突的世界。

而后它成为自然的片断。

当我们看到水池中波纹的模式时，我们知道这个模式完全是同存在的作用力相平衡的：没有任何使之含混的思想干扰。

最终当我们成功地观察了一个人工模式，以致它不再被意见和意象所模糊时，我们便发现了像水池表面的波纹一样正确而永恒的自然片断。

第十六章

语言的结构

一旦我们懂得了如何发现有生气的单个模式，我们便可以为我们自己，为我们所遇到的建筑任务，编制一种语言。语言的结构是由单个模式之间的联系网产生的：语言作为一个总体，其生存与否取决于这些模式形成一个整体的程度。

那么，很明显，我们可以发现有活力的模式，并可以共享它们，从而对它们的现实的信任达到某种适当的程度。

模式包括我们周围的任何尺度范围：最大的模式包括区域结构，中等范围的包括建筑的形状和活动，最小的模式涉及建筑赖以建成所必需的具体物质材料和结构。

不过到目前为止，我们几乎没有谈论过语言。在这一章里，我们将看到怎样才可能把这些模式放在一起，形成连贯的语言。

正如我们所看到的，模式并不是孤立隔绝的，这就暗含了语言的可能性。但当我们体验去做某种东西的愿望时，可能性才以全力显现出来。一旦我们想做某种东西——任何东西——像公园坐椅那样的小的东西，或是像邻里那样的大的东西——而且想把它看成完整的，我们就会体验到把一个结构放到模式上，以模式创造语言的愿望了。

设想我要建一个花园。

我们从第十章、第十一章和第十二章中知道了，花园将不会富有活力，将不是一个美妙动人的场所，除非在开始设计之前，我们有一个强有力的、深层的、有活力的语言。

那么我必须设法找到或为我自己创造一个适于花园

的模式语言。

提出适于花园语言的一种方法是从我们已在第二卷
写出的模式语言中得到一些模式。

如果你审视那种语言中的模式，选择看来和你有关
的花园的模式，那么你可以选择下列模式。

半隐蔽花园	果树林
重叠交错的层顶	树荫空间
花园野趣	有围舍的户外小空间
入口的过渡空间	六英尺深的阳台
有生气的庭院	与大地紧密相连
屋顶花园	温室
建筑物边界缘	园中坐椅

但现在使这些模式形成一种语言的是什么呢？

我可以从出版的语言中得到这些模式，简单列举出
我喜欢的模式，把它们按更大的语言的秩序写下来。

当然，也可以把我自己发明的模式，或我的朋友告
诉我的模式混合在其中。

但是，是什么使它们成为一种语言？又是什么使这
一语言成为完整的呢？

模式语言的结构由个别模式并不独立这样的事实产

生的。

为了充分理解这一思想，想一想模式"车库"，并特别着重在单户住宅的车库上。你看到某一房屋，你是怎么知道它是一个车库的呢？

当然，是部分地通过它含有的一些较小模式而认出来的，例如，一辆汽车的尺寸，小窗或没窗，正面有一个大的、全高的门等。这些事实是由我们称作**车库**的模式限定的。

但是车库的模式和它包含的较小的模式不足以充分限定车库。如果一个建筑用这些模式照这样安排而在船上漂浮，你会称它为水上住家，而不是车库；如果它立于田间，没有道路通向它，它会是工具棚或仓库，而不是车库。

因为一个房屋是车库的话，必须有条街道通向它的驶道，它也许会在房子一侧，不直接在前面或直接在后面；它也许接近房子，并有通向房子的直接的小路。这些较大的模式也属于车库模式。

每一模式既依赖于它包含的较小模式，也依赖于包含它的更大的模式。

花园的语言中所有的模式都是如此。每一个都是不全的，需要和其他的关联来产生意义。

例如，脱离开关联的一堵花园墙只是一堆砖而已，它能够成为花园墙，是在它围绕着花园之时，也就是当它帮着完成**半隐蔽花园**或**花园野趣**之时。

入口的过渡空间，本身仅仅是一个露天的场合。使它成为入口过渡的是其前门和街道之间的位置，以及远处花园的景致，即它帮助完成语言模式**主入口**和本身又是由更小模式**禅宗观景**所完成的这个事实。

有生气的庭院也许是所有这些模式中最突出的。当然，它如果没有由形成它的房屋包围着根本不能称其为庭院，它之所以成为一个庭院，是在这个模式帮助完成模式**建筑群体**，本身又由模式**建筑物边缘**和**回廊**完成之时。

每个模式位于一个联系网的中心，把它同帮助它完满的其他模式连接在一起。

假如我们用圆点来代表一个模式，并使用箭头代表两个模式之间的联系的话，那么就意味着模式 A 需要模式 B 作为它的一部分，以使 A 完满，而且模式 B 需要作为模式 A 的一部分，以使 B 完满。

如果我们画一幅和模式 A 相连的所有模式的图形，

我们会看到模式 A 位于整个模式网的中心，一些模式在其上，一些模式在其下。

每一模式位于这种网的中心。

是模式间的这些联系网产生了语言。

这样，一个花园的语言就可以有下面勾画的结构，其中每一模式都有同其他模式相连的自己的位置。

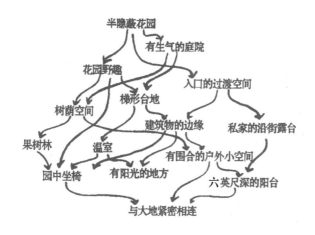

在这个网状系统中，模式之间的诸链节几乎同诸模

式本身一样是语言的一部分。

比如，看一看**私家的沿街露台**和**入口的过渡空间**。

只要我把这两个模式想象成自由流动的整体，我就可以想象大量的可能包括这些模式的住房和花园，并且我可以想象这些模式之间大量可能的不同的关系。

但现在假定，它们在语言中相连，**私家的沿街露台**是**入口的过渡空间**的一部分。立刻我就想象出了来客经过平台、经过坐在那里的人们时，人们在平台上呷着饮料。

或假定，相反，我想象**私家的沿街露台**是**私密性层次**的一部分。现在，我有了完全相反的图景：人们经过一个较昏暗的、平静的入口过渡，经过住房，然后出去到另一面，到平台，平台也沿街，但较私密，较隐僻。

每一次，我的各单个模式的想象都变了。而且每一次想象都强化了它们。

的确，是这种网状结构使各单个模式具有意义，因为它把它们固定住，使它们完满。

每一模式是依照形成语言的诸链节，由它在作为整体的语言的位置来修饰的。

由于每一模式依靠它在整体中的位置，它变得特别强烈、生动、易于想象，而且更丰富地形象化了。语言不但把诸项模式互相连接了起来，也通过给予每一模式一个现实的关联，并促使想象给予模式相连而成的组合以活力来帮助它们活跃起来。

但是，虽然我已把模式互相连接成网络而形成一种语言，我怎么知道这种语言是好的呢？

它是完满的吗？我应该给它加上其他的模式吗？我应该把一些模式去掉吗？它与其他模式连在一起了吗？而且更重要的是，它会帮助我产生一个有生气的花园吗？我们可以假定，如果单个模式遵从第十三章、第十四章的规则，它们各自都是有生气的，但做为一个整体的花园如何呢？

语言会让我创造一个作为整体的生动奇妙的花园吗？我怎么可以肯定呢？

当语言在形态上和功能上完满的时候，它就是一个能够使某种东西完整的好的语言。

当诸模式一起形成一个完满的结构，填满所有细节，没有裂痕时，那就是形态上完满的。

当模式系统具有特殊的自我一致，其中，这些模式作为一个系统，只产生那些它们本身解决的作用力——以致作为一个整体的系统能够生存，而没有自毁的内部冲突的活动之时，那就是功能上完满的。

当我可以想象语言非常具体产生的那种建筑时，语言就是形态上完满的。

这意味着这个语言指明的建筑的一般"种类"完全可以视觉化——不是作为一个模糊不清、满是缝隙的创造物，而是作为一个稳定的整体，只是细节不够明晰。

例如，假定我有**半隐蔽花园**模式：但我没有那些告诉我花园的主要组成部分是什么的模式。具体地说：我没有如何形成其边缘的想法；我不知道主要组成部分是些什么；我不知道那儿是否有特殊的焦点；我不知道花园和住房接触的地方发生了什么。在这些情形下，我们实在完全不能想象花园：因为我对它不甚了解。

这很不同于不知如何连接个别花园和个别住宅。它意味着，我对于如何凑成这类花园的理解存在着一个根本的裂隙；并且意味着，如果在真实情况到了这个阶段，我不得不搔搔头皮，从头开始把它想出来。

相反，当我可以清楚地把花园想象为一个总的结构时，花园的语言是形态完满的，尽管我的心中还没有任何具体的花园。

当语言限定的模式系统能够充分允许所有内力自己解决时，语言就是功能上完满的。

再来考虑花园。我们从第六章和第七章中知道，很可能存在若干不相协调的冲突的作用力系统。这些作用力不能内部解决时，会逐渐破坏系统，这也是非常可能的。例如，假定花园没有考虑树、基础和阴影的生态作用。阴影落在不好的地方，根的系统开始损坏基础——建筑和树之间的整体关系就是不稳定的，因为它引起了进一步的问题，最终将迫使花园剧烈地变化，然后把它们自己导向其他的不稳定。

当所有这些内部作用力系统完全被包容时——总之，当有足够的模式使所有这些作用力趋于平衡时，它在功能上是完满的。

在两种情形中，只有当语言中所有单个模式完满时，语言才是完满的。

很明显，只要任何个别模式本身不完满，语言作为一个整体就不可能完满。每个模式必须有足够的模式"在其下"，形态上完全充满它。每个模式必须有足够的模式"在其下"，以便解决它所产生的问题。

因此，只有当其下的模式足以创造一个建筑边界的主要整体结构的充分、具体、完整的画面之时，模式**建筑物边缘**在形态上是完满的。

只有当其下诸模式一起解决了由于建筑边界的存在而产生的所有主要问题或者未解决的冲突作用力系统之时，它是功能上完满的。

因此，一旦需要填充每一不完满的模式，我们就必须创造新模式。

再以**建筑物边缘**为例。现在这个语言中直接在建筑物边缘之下的模式是**有阳光的地方、回廊、有围合的户外小空间、园中坐椅和入口的过渡空间**。

在这五种模式的存在中，是否沿着建筑的边缘存在着未解决的问题？这是功能完满性的问题。是否存在着建筑边界的那些几何不明晰，不能由这五种模式充分描述的部分？这是形态完满性的问题。

对这两个问题的回答是"存在"，有一个悬而未决的问题，还有一个含糊不清的几何区。有一部分建筑边缘——一段无窗长墙中沿花园的部分——还是成问题，因为没有模式适应它，无窗墙是无法使人愉悦的，它会造成一部分花园令人感到不舒服，不易使用。模式**建筑物边缘**本身，以非常普通的用语表明，边缘应是一个明确的地方，应朝两向看，向住宅之内和住宅之外。但是在细节上，这段无窗长墙的问题悬而未决。为了解决它就需要创造一些新的模式：是建筑物边缘的部分，语言中位于其下，并以某种方式成功地表明如何处理这段无窗、不亲切的长墙。

现在，我并不能准确地知道这个模式是什么。但是例子清楚地表明，告诉我们哪里有一个"问题"的功能性直觉，并且告诉我们几何上哪里有一个裂缝的形态性直觉，是不能分开的。

对每个模式我们持续工作下去，直至我们取得在它之下一组完全解决功能上和形态上的问题的模式为止。

我通过创造模式和排除模式，直至每个模式完满来完善语言。

但我也必须保证给定模式之下的那些模式是其基本的组成部分。

在给定模式之下，不必有太多的模式。这一次让我们看看**半隐蔽花园**。花园有一个角落是**有阳光的地方**，另外一个地方也许是**有围合的户外小空间**，需要一些树，形成一个场所；花园作为整体富有特色，如**花园野趣**；花园和街道之间在细节上存在着关系，如**私家的沿街露台**；住房和花园之间存在着关系的可能，如**温室**……花园中有花的特色，如**培育的花**，还有对蔬菜和水果的需要，如**菜园和果树林**……

但不是所有这些需要直接位于**半隐蔽花园**下层。理由是，其中有些互相修饰。例如，**花园野趣**赋予花园总的特色，本身**由培育的花和菜园来充实完成**，而**树荫空间**本身也由果树来充实。这些可以通过另一模式来"达到"的模式不需要直接出现于模式**半隐蔽花园**之下。

把任一给定模式的基本组成部分的模式同那些更下一层次的模式区别开来是根本的。

如果我必须做一个**半隐蔽花园**，我可以把它理解为有 3 个或 4 个部分的某种东西，我可以想象它，并在我的园中为我自己建造一个。

但如果**半隐蔽花园**有 20 个或 30 个模式，都是它的组成部分，我就不能连贯地想象它了。

这就得出了，有 5 个模式**必须**紧接着出现在半隐蔽花园之下。它们是**花园围墙、花园野趣、私家的沿街露台、有阳光的地方**和**树荫空间。**

于是，在这个特殊语言中，这些就成了**半隐蔽花园**的主要"组成部分"。

是对给定模式主要组成部分进行限定这个过程最后完成这一模式的。

最初也许我们认为，"花园"的主要部分是草坪、花坛和小路。

但现在，在对模式**半隐蔽花园**的细心考虑之后。我们开始看到了它有 5 个主要组成部分：**花园野趣、私家的沿街露台、有阳光的地方、树荫空间和花园围墙。**

于是我们对花园功能和形态的整个认识改变了。不只是现在我们将花园看成是由 5 个实体组成的，因而改变了我们对花园形式的想象。事实上，这 5 个模式解决了 5 个特殊问题，也把我们对花园功能的想象完全改变了。

当每个模式有了基本的组成部分，而基本的组成部分又由语言中这个模式之下的更小的模式给定时，语言就完满了。

于是你看到一个模式所具有的美妙的结构。

每一个模式本身是某个较大模式的一部分——它通过发生在那儿的作用力和允许这些作用力协调的条件从这些较大模式中诞生出来。

每一个模式本身产生若干较小的模式，这些较小的模式再次通过也必须是处于和谐的一些作用力，产生了更小的把低一层次的作用力协调起来的模式。

现在我们可以充分看到，花园的设计存在于花园的语言之中。

如果你喜欢你的花园语言产生的那些花园，语言就是好的，但如果语言不能幻想出奇异场所的意象，它必定存在某种问题。当你进入设计过程时，错误的东西以后不可能改正了，到那一阶段，为时已晚。

我们常想象建筑或花园的设计花很长的时间，设计过程的准备很短。但在语言扮演其适当角色的地方，这就变成相反的了。语言的准备会花非常长的时间：数周、数月、数年。但是语言的使用，正如我们将在第二十一章、第二十二章、第二十三章中具体看到的，几小时都用不了。

实际上，这意味着你准备的语言必须经过评判，好像它本身是一个完成的花园（或完成的建筑）。

因为完成的花园（或建筑）总是由其中出现的那些模式控制的，所以你甚至可以在你使用语言之前说出你是否会喜欢这个语言产生的场所。

如果模式的集合产生了一个连贯而令人满意的整体，而不需要进一步的洞悉和美使之完善，那么语言就是正确的。但如果你仅仅把语言想成一个方便的工具，并想象你创造的花园或建筑，由于你运用得好，以后将会美起来，而语言中的模式的集合现在并不足以使它美，那么语言必有某种更深的错误。你必须修改它，直到你满意为止。

于是，任何设计过程的真正工作在于整理语言，之后你可以从中产生一个特殊的设计。

你首先必须形成语言，因为是语言的结构和关联决定了设计。你建造的个别建筑依据你所使用的语言的深度与完整性，将富有活力或缺乏活力。

当然，一旦你形成了语言，这个语言就是有普遍性的。如果它有能力产生一个有生命力的建筑，它就可以用上千百次，产生千百个有活力的建筑。

第十七章

城市共同语言的演化

　　而最后，从不同建造任务的个别语言，我们还可以
产生一个更大的结构，一个不断演进着的诸结构所构成
的结构，一个城市的共同的语言。这就是大门。

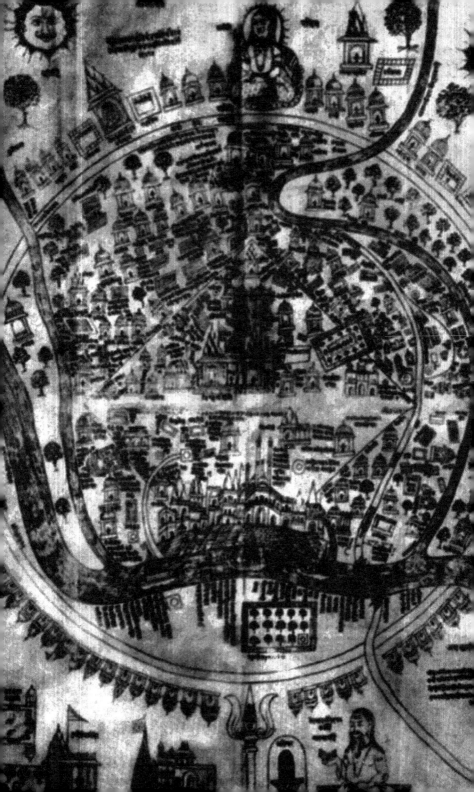

我们从第十六章知道了如何为一个特定个别的建筑类型构造一种个别的语言。

现在，在第二部分的最后一章，我们将看到，这些语言是如何搭配在一起成为一个城市的共同语言的。

首先设想我们已为不同建筑任务做了一打语言。

一个为住房，一个为花园，一个为街道，一个为邻里，一个为办公室，一个为音乐厅，一个为公寓建筑，一个为办公楼，一个为商店，一个为公共宗教设施，一个为河畔，一个为城市繁忙的中心。

当我们做出不同的个别的语言时，我们发现模式是相交的。

例如，我们发现**入口的过渡空间**是花园语言的一部分，也是住宅语言的一部分。

人行横道是街道语言的一部分，也是繁忙中心语言的一部分。

凹室是住宅语言的一部分，也是车间语言的一部分，表现在某种特殊的室外情形中时，也许又是河边语言的一部分。

两面采光可用到每种建筑的每个可居住的房间，因此它几乎存在于所有这些语言之中。

而且，更微妙之处在于，我们也发现，不同语言中不同的模式基本上相似，暗示着它们可以重新改造成在更大情形中更一般、更可用的模式。

例如，在俄勒冈大学，我们发现了一个被我们称为**校系家庭**的模式。我们在门诊所工作时，发现了一个叫作**正切小路**的模式。在我们的秘鲁住宅的工作中，我们发现了一个叫作**家庭房间循环**的模式。

所有这些模式都有同样基本的一组共同的关系。所有这些都要在社会集团中心有一块公共的区域，以人们每次来往的自然路线正切经过这一区域的方式加以布置。

因而，形成一个应用到所有这些不同语言的更深、更一般的模式是很自然的，这种模式我们称为**中心公共区**。

逐渐清楚的事实是，建立更大的语言，其中包括所有个别的语言，并努力把它们统一于一个更大结构中，这是可能的。

这个更大的语言在结构上同更小的语言完全相同。但它却包容了所有这些更小的语言。

我们一组人自八九年前开始建立这样一种语言。为了做出这种语言，我们发现并写下了几百种模式。然后，在这些年中，抛弃了许多模式，因为我们判定它们是不合理的，或因为我们发现了同样想法的更精妙的表达，或因为我们发现它们在经验上站不住脚，或我们注意到它们在经验上没有考虑我们感觉到好的地方和感觉不好的地方之间的区别。

留下的 253 个模式只是在这时看来还对我们有价值的少数。它们形成了明确的语言，编辑成本丛书的第二卷《建筑模式语言》。

我们这种语言首先从区域模式开始（模式 1 ～ 模式 7）：

独立区域，城镇分布，指状城乡交错，农业谷地，乡村沿街建筑，乡间小镇，乡村。

城市的模式（模式 8 ～ 模式 27）：

亚文化区的镶嵌，分散的工作点，城市的魅力，地方交通区，7000 人的社区，亚文化区边界，易识别的邻里，邻里边界，公路交通网，环路，学习网，商业网，小公共汽车，不高于四层楼，停车场不超过用地的 9%，平行路，珍贵的地方，通往水域，生命的周期，男人和女人。

社区和邻里的模式（模式 28 ～ 模式 48）：

偏心式核心区，密度圈，活动中心，散步场所，商业街，夜生活，换乘站，户型混合，公共性的程度，住宅组团，联排式住宅，丘状住宅，老人天地，工作社区，工业带，像市场一样开放的大学，地方市政厅，项链状的社区行业，综合商场，保健中心，住宅与其他建筑间杂。

邻里内公共地带的模式（模式 49 ～ 模式 74）：

区内弯曲的道路，丁字形交点，绿茵街道，小路网络和汽车，主门道，人行横道，高出路面的便道，自行车道和车架，市区内的儿童，狂欢节，僻静区，近宅绿地，小广场，眺远高地，街头舞会，水池和小溪，分娩场所，圣地，公共用地，相互沟通的游戏场所，户外亭榭，墓地，池塘，地方性运动场地，冒险性的游戏场地，动物。

邻里中私密地带和公共机构的模式（模式 75 ～ 模式 94）：

家庭，小家庭住宅，夫妻住宅，单人住宅，自己的家，自治工作间和办公室，小服务行业，办公室之间的联系，师徒情谊，青少年协会，店面小学，儿童之家，个体商店，临街咖啡座，街角杂货店，啤酒馆，旅游客栈，公共汽车站，饮食商亭，在公共场所打盹。

建筑群中的总体布控的模式（模式 95 ～ 模式 126）：

建筑群体，楼层数，有遮挡的停车场，内部交通领域，主要建筑，步行街，有顶街道，各种入口，小停车场，基地修整，朝南的户外空间，户外正空间，有天然采光的翼楼，鳞次栉比的建筑，狭长形住宅，主入口，半隐蔽花园，入口的过渡空间，与车位的联系，外部空间的层次，有生气的庭院，重叠交错的屋顶，带阁楼的坡屋顶，屋顶花园，拱廊，小路和标志物，小路的形状，建筑物正面，行人密度，袋形活动场地，能坐的台阶，空间中心有景物。

建筑及其房间的模式（模式 127～模式 158）：

私密性层次，室内阳光，中心公共区，入口空间，穿越空间，短过道，有舞台感的楼梯，禅宗观景，明暗交织，夫妻的领域，儿童的领域，朝东的卧室，农家厨房，私家的沿街露台，个人居室，起居空间的序列，多床龛卧室，浴室，大储藏室，灵活办公空间，共同进餐，工作小组，宾至如归，等候场所，小会议室，半私密办公室，出租房间，青少年住所，老人住所，固定工作点，家庭工作间，室外楼梯。

建筑之间花园和小路的模式（模式 159～模式 178）：

两面采光，建筑物边缘，有阳光的地方，背阴面，有围合的户外小空间，临街窗户，向街道的开敞，回廊，六英尺深的阳台，与大地紧密相连，梯形台地，果树林，树荫空间，花园野趣，花园围墙，棚下小径，温室，园中坐椅，菜园，堆肥。

最小的房间和房间中的壁橱的模式（模式 179～模式 204）：

凹室，窗前空间，炉火熊熊，进餐气氛，工作空间的围隔，厨房布置，坐位圈，共宿，夫妻用床，床龛，更衣室，室内净高变化，室内空间形状，俯视外界生活之窗，半敞开墙，内窗，楼梯体量，墙角的房门，厚墙，居室间的壁橱，有阳光的厨房工作台，敞开的搁架，半人高的搁架，嵌墙座位，儿童猫耳洞，密室。

所有建筑结构和材料的模式（模式 205～模式 213）：

结构服从社会空间的需要，有效结构，好材料，逐步加固，屋顶布置，楼面和天花布置，加厚外墙，角柱，柱的最后分布。

构造细部的模式（模式 214～模式 232）：

柱基，底层地面，箱形柱，圈梁，墙体，楼面天花拱结构，拱式屋顶，借景的门窗，矮窗台，深窗洞，低门道，门窗边缘加厚，柱旁空间，柱的连接，楼梯拱，管道空间，辐射热，老虎窗，屋顶顶尖。

语言最终以细节、色彩和装饰结束（模式 233～模式 253）：

楼面，鱼鳞板墙，有柔和感的墙内表面，大敞口窗户，镶玻璃板门，过滤光线，小窗格玻璃，半时宽的压缝条，户外设座位置，大门外的条凳，可坐矮墙，帆布顶篷，高花台，攀缘植物，留缝的石铺地，软质面砖和软质砖，装饰，暖色，各式座椅，投光区域，用生活中的纪念品作装饰。

原则上，这样一种语言作为一个城市的语言是足够复杂、足够丰富的了。

它包括了所有层次，各种社会机构，各大类建筑，各大类的外部空间，并包括了足以广泛使用于城市中的各种建造方法。

但它作为一种语言还没有充分的活力。

首先，作为一种有活力的语言，它必然是一群人非常特定于其文化的共同想象，能够抓住他们的希望和理想，包含着许多童年记忆和地区性做事情的特殊方式。

我们建构并写下的这种语言当然是在我们自己的文化知识上建立起来的，但它较抽象、较广阔，需要用当地习惯、当地气候、当地烹调方式、当地材料，具体化到特定时间和地点。

为了成为人们的共同语言并有活力，语言必须包含更深得多的东西——生活方式的憧憬，就个人而言，能够把人们对双亲、对过去的感情具体化，能够把它们联系到他们作为个人的未来的憧憬，具体到所有个别细节，那个地方生长的花，那里吹过的风，那里的各种工厂……

而更进一步，有活力的语言必定是个人的。

而更进一步，充满生气的语言必定是个人的。

只有当社会中，或城市中的每个人都有这种语言的自己的形式时，语言才是有活力的语言。

语言不只是一个知识性的事物，把每一模式作为定式，作为遵循的规则，作为关于正确做一个建筑和城市的知识。

语言是个更深的事物，一个感觉的事物、经历的事物，表达人们对其生活方式真正的态度，他们对在一起生活和工作的方式的希望和恐惧——对将会是美好的生活方式的共同认识。

为达到每个人心中有一个模式语言，作为他对生活态度的表达的这种更深的状态，我们不能期望人们只从书上抄模式。

我可以告诉你，**入口的过渡空间**是一个好的模式，我可以向你解释问题，细致地解释产生这一模式的物质关系。但是你心中是不会有这一模式，作为你的模式语言的一部分的，直到你自己看到了有这个特征的一些入口，看到了它们是多么的精彩，同那些缺乏这种特征的入口做了比较，而后，你自己产生了自己的抽象观念，由之肯定你喜欢的和不喜欢的入口的区别。

一个有活力的语言必须持续地在每个人的心中重新创造。

甚至一个人心中的普通语言（英语、法语或其他任何语种）都是由他创造的——不是学来的。

当一个小孩从父母或从周围的人那里"学习"语言，他没有学他们语言之中的所有的规则——因为他不能看到或听到规则。他只听到他们说出的句子。而他所做的就是为自己创造规则的系统，规则完全是由他第一次创造的。他不断改变这些规则，直到用这些规则，他能够产生出同他所听到的语言相像的语言。在这一阶段，我们说，他"掌握"了语言。

当然，他的规则同其父母相像，因为必须近似地产生同类的句子，但事实上，他"掌握"的语言是一个规则系统，完全由他在其心中创造的。而且他整个一生修饰、改进、深化他的语言……他总是通过创造和改进他所发明的规则来进行的。

模式语言正是如此。

你的心中有天生的能力创造模式语言。但其确切内容——你语言中模式的特殊状况——该由你决定，你必须自己创造它们。

因为你的经验同其他任何人的绝不会完全相同，你创造的模式的形式必然同其他人自己发现的形式略有不同。

这丝毫不是否定存在着的客观、深刻、永恒的真理。

它只意味着，每个人当他为自己找出这一真理时，他将为自己把这一真理曲解成略微不同的形式。

而后，随着每个人自我确立了语言，语言就开始成为一个有活力的语言。

正如每人会有差异一样，文化会有更显著的不同。

每个人差异的发生，是因为不同的人，在某种程度上，本身及其生活确有不同的作用力，因此将会体验到那些作为给予生活或破坏生活的不同的作用力图式。

两种不同的文化中，存在的作用力甚至更不同，人们有更多的机会体验到那些作为给予生活或毁坏生活的不同的作用力系统。

两个不同文化的邻里在其语言中会有不同的模式集合。

比如，显然，一个拉丁人邻里更可能会把"散步长街"包括在他们的邻里语言之中，因为他们有傍晚散步的习惯。某个重视私密性的文化将更喜欢在住宅里设置有生气的庭院，因为它们比**临街私人平台**更隐蔽。

不同的邻里，正像不同的人，常常有不同的模式形式。

假定许多人在他们的语言中有模式**私密性层次**。在这一模式的纯秘鲁的形式中，家庭以严格的顺序在前面有最公共的房间，家庭的房间在更后，厨房和卧室离街道最远。

在英国人的邻里中，人们在他们的语言中也有这种模式的一些形式；但有所修改，厨房较接近前面。

在一个车间邻里中，这个模式的原初形式几乎没有意义了。但甚至在那里，也许还存在着它的某种变形。暗指车间本身有前有后，前面部分是较公共的，后面部分是较私密的。

而且，在不同的邻里中，人们语言中会有不同系统的连接。

例如，在一个邻里中，**中心公共区**和**农家厨房**有连接，这意味着，对他们来说，农宅厨房是住宅的中心，每个人来去的地方，社会生活的中心。

但是，在旁边的另一个邻里中，在其语言中也有这两种模式——但不是相连的。这些人的住房有一个中心公共面积，是一种通常舒服的回旋的空间，接近住房前部；**农家厨房**是一个小的向后的私密的地方，只有家里的亲密朋友才能进去。

因而我们看到，在一个城市中共同使用的语言是一个比单个语言复杂得多的巨大的结构。

不仅是一个网状系统，也是个网状系统的网状系统，结构的结构，是人们承担不同的建筑任务时为自己创造的变化多样的语言的巨大聚积库。

一旦此种结构存在，我们就有了城市的一种生动的语言，就如同我们普通的语言一样富有生命力。

想想普通的语言，我们这些说英语的人有一个共同的语言，而我们每个人在我们的大脑中为自己建立了自己的语言——我们每个人都有一个带有一定程度癖好的语言。这就是何以我们能认识每个人喜欢用的词、他的风格、兴趣和表达的特殊方式。而尽管我们每个人都有自己的语言，我们语言间的交迭却是庞大的——正是它给了我们共同的语言。

同样的情形也发生在遗传学中。

给定物种的每个成员，其染色体有稍微不同的基因系列。如果两个个体是亲密相关的，基因就有大量的交迭——只有少数不同，当交迭减少时，我们就说两者各属这一物种的不同亚种，当交迭减少到一定临界值，我们说它们分属不同的物种。

物种的遗传特征由其基因库限定。

这种基因库是物种中所有个体普遍具有的基因的集合。
其中的一些基因比其他的更普遍。最普遍的基因限
定物种的共同特征——不太普遍的基因限定个体的族与链。
因为物种中的每个新个体从基因库中获得了基因组
合（除非非常偶然的变异），基因库中基因的总体静态分
布是大略保持不变的，但演进的趋势使一些基因消亡，
另一些繁殖，因而总体又是游动的。

一个共同的模式语言也正是由模式库所限定的。

假定社会中每个人有自己的模式语言，现在假想一
个人语言中的所有模式的集合。把这模式集合称为模式
库，一些模式发生的次数要比库中其他的要多，最常发
生的模式是人人共有的模式。发生较少的由较少的人共
用——这些也许会是社会中某一亚文化所特有的。所有
模式中发生最少的那些是纯粹个人的模式，表现个人的
癖好。
共同的模式语言不是任何人心中具有的任何一种语
言——它是由模式库中所有模式的分布限定的。

而且，一旦人们以这种方式共同使用一种语言，语

言将开始自动演进。

一旦有了模式库，千万人从这一库中取出模式，使用它们、交换它们、替换它们，那么肯定，该语言自然会有所发展。

随着好的模式获得更加广泛的使用，坏的模式消亡，模式库将逐渐包括更多好的模式——在这个意义上，我们可以说，一个共同的语言在发展着，而且变得越来越好，虽然同时我们认识到，每个人总会有自己的语言，一种共同语言的形式——独特的方式。

就此而言，虽然任何人的模式语言总会是独特的，但社会中整个语言的集合将逐渐向模式库的总特征所表出的共同语言演进。

语言将演进，因为它可以一次一个模式逐渐地发展。

遗传进化之所以发生只是因为基因可以独立地变异。基因足够独立，以致新的物种通过一次一种基因的变化过程得以发展。如果不是这样的话，复杂的有机物的演进早就绝对不可能了。

改进模式的关键也就在于它可以逐渐进行这一事实。假如你现在拥有的语言有 100 个模式。由于它们是独立的，你就可以一次换一个，它们总可以变得更好，因为你总可以分别地改进每一模式（如果模式是相连的，你改进 1 个模式时，你也必须改变其他 50 个，系统将不稳定，你就绝不可能累积地改进它）。

这意味着，我们可以一次限定、讨论、评判和改进一个模式。因而，我大可不必因为其中一个模式的错误而抛弃语言中所有其他的模式，任何人创造的任一模式，都可以放进模式语言之中。总之，某个人一旦限定了一个真正好的模式，它就可以传播而成为世界上所有模式语言中的一部分，不用考虑众多不同的语言所包含的其他模式。

正是这一简单的事实，保证了模式语言的进展将是渐增的。

当人们交换对环境的看法以及交换模式时，模式库中存储的整个模式将持续变化。

一些模式被完全丢掉了，一些模式变得稀少了，一些模式变得复杂了，一些新的模式进入了模式库。因为存在着确定模式好坏的判据，当人们看见它们时，他们会模仿好的模式，而不模仿坏的。这意味着好的模式将多起来而变得更普遍，坏的模式将逐渐全部被淘汰。

逐渐地，随着人们修改删加这些出版了的语言，一个随地方不同而特有的，因人而异的，然而广泛共享的共同语言库将自动演进。

首先，好的模式将存留；坏的模式将被淘汰。

其次，因为较好的模式将存留，较坏的将被淘汰，语言就会变得更普遍。在每一地区，共同语言都将发展。

最后，自然的分化将出现，每一城市，每一地区，每一文化，采纳了不同系列的模式——遍及全球的模式语言的巨大语系将逐渐得以分化。

当然，这一演进无止境。

尽管演进过程总是向更深、更完整的方向发展，但却没有止境。——没有一成不变的静止完善的语言，没有什么语言是会到顶的。

理由是这样。每种语言为某一环境指定一定的结构，在实践中，一旦实现了，那一结构的存在将产生新的作用力，它们从那结构中第一次诞生——当然，这些新的作用力将产生新的问题、新的冲突，需要由新的模式来解决——而新的模式加入我们的语言之中时，还将再次产生新的作用力。

这是发展的永恒的循环。不能希望它止住，而且也无此必要。我们必须直接接受这个事实：在演进过程中没有最终的平衡。存在着接近平衡的短暂的阶段——但也不过如此。寻找平衡，黑暗中瞬间稳定的战斗，波涛在冲回大海之前那踌躇的瞬间——那最接近的恒定，将永不会使人满意。

而且，正因为它是在变化着，每种语言才是一种文

化和一种生活方式的活生生的画卷。

语言所包含的广泛共享的诸模式反映人们对生活态度的共同理解，关于人们希望的生活方式，他们希望培养孩子的方式，他们想进餐的方式，他们想在家庭中生活的方式，他们想从一个地方移到另一地方的方式，他们工作的方式，他们使其建筑朝向光亮的方式，他们对水的感受，最重要的是，他们对待自己的态度等的共同理解。

它是一个生活的图景，它在这些模式的关系中，展现出生活各部分是如何协调在一起的，它们具体地在空间上是如何产生意义的。

最首要的，它不是一个被动的图景，它有力量蕴于其中，它是活跃有力的语言，它有能力让人们改造他们自己及其环境。

设想，有一天，成千上万的人又将使用模式语言并产生它们。他们交流的这些诗篇，他们创造的巨大的想象图景，将在他们的眼前活现出来，这将会给人多么异常的印象。当事实上想象的世界控制了物质世界之时，人们情愿说，诗不是真实的，模式只不过是意象。

在早期，城市本身被作为宇宙的意象——其形式是天地之间联系的保证、是完整一致的生活方式的图景。

充满生气的模式语言更是如此。它如此强烈地表示每个人和世界的联系，以致他可以通过运用它在他周围一切地方创造新的生活来再肯定它。

　　在这个意义上说，最终，正如我们将看到的，有生气的语言就是一扇门。

道

一旦我们建成了大门，我们便可以
通过它进入永恒之道的实践。

第十八章

语言的发生力

现在我们将开始深入地看看，一个城市丰富和复杂的秩序是如何能够从千千万万创造性的活动中成长起来的。我们城市中一旦有了共同的模式语言，我们都将会有能力，通过我们极普通的活动，使我们的街道和建筑生机勃勃。语言，就像一粒种子，是一个发生系统，它给予我们千百万微小的活动以形成整体的力量。

开始先设想模式语言的某一形式在一个城市或一个邻里中已被一组人或一个家庭所采用，他们把它作为重建其世界的基础。

这个共同的模式语言同赋予城市轮廓的建造和破坏的持续过程之间的关系是什么呢？

首先要承认，城市中的每个人有能力形成他自己的环境。

传统文化中的农夫"知道"如何为自己建造一所美丽的住房。我们羡慕他，并认为只有他能够这样做，因为他的文化使之成为可能。但是纯朴的农夫所具有的这一能力却存在于他的模式语言之中。

倘若城市中的人们现在就有一种完整的模式语言，他们确实也会有同样的能力。无论打算进行何种建造或修复活动——建造一条长凳、一个花坛、一个房间、一个平台、一个小住所、一个完整的房屋、一组房屋、街道的一次修复、一个商店、一个咖啡厅、一组公共建筑，甚至一个邻里的重新规划——他们都有能力来为自己建造。

有模式语言的人可以设计环境的任何部分。

他不需要是一个"专家"。专门知识就在语言之中。他可以同样很好地为城市规划作出贡献，设计他自己的住宅，或改造单个房间，因为在每种情形中他知道有关的模式，知道如何结合它们，知道他在进行的特定的设计如何适应更大的整体。

而人们是在自己构形他们的环境，这是根本的。

城市是个有生命的东西，其模式既是活动模式，又是空间模式。在产生它自身的过程中，它是活动和空间的模式，不单是空间模式在不停建立、破坏、再建立。正因为如此，人们为自己来做便是根本的。

如果城市的模式仅仅在于城市的砖石和灰浆的话，你就可能要说，这些砖石和灰浆是可以由任何人构形的。

但因为模式是活动的模式，活动将不会发生，除非模式由那些活动进入模式的人们所感知、创造和保持。有活力的城市没有什么办法由专家建造而由其他的人住进去。充满生气的城市只能由一个程序产生出来，在这个程序中许多模式被人们创造和保持，而人们又是这些模式的一部分。

而这意味着，一个有生气城市的成长和再生是由无数较小的活动建成的。

在一个共同语言消失的城市中，建造和设计的活动是在少数人手中的，而且是庞大而笨拙的。

但是，一旦城市中的每个人都可以为自己构形一个建筑或一部分街道，或帮助形成一个公共建筑，在建筑转角处加上一个花园或平台——那么，在这个阶段，城市的生长和再生就是许多活动的合生。

它是成千上万细小行动的不断的变动，每个行动都在最了解它、最能够使它适应当地情况的人们手中。

在这个不断变动中，城市的人们在不断地建造、重建、拆毁、保持、修改、改变、又建造。

一个房间、一幢建筑或一个邻里不是由单一建造行动在一天之内产生的。它是不相关的人们长期延续进行的成千上万个不同活动的暂时结果。

不过，是什么在保证所有单个活动的持续变动不致产生混乱呢？

在这变动背后的模式语言如何驾御它、进入它呢？

它随创造过程和修复过程之间的紧密关系而定。

当一个有机体从种子中成长起来时，其成长的过程是由遗传基因支配的。每一细胞包含着脱氧核糖核酸，并且每个细胞通过遵从遗传基因限定的过程，在有机整体中占有其部分。因为各个细胞包含相同的基因，所以独立生长的细胞一起创造了完满的整体。

而有机体一经产生，同样的发生过程就支配着修复过程。如果我割伤自己了，最初创造我的同一发生程序现在在控制伤口治愈的较小过程，并保证伤口周围的细胞协作，以便再次形成一个整体。

事实上，基因控制形成胚胎的发生成长过程和治愈伤口的恢复过程之间没有区别。基因每天、每刻连续不断地起着作用。

初看像静止之物的一个有机体事实上是一个过程的不停的变动。

细胞不停地诞生、消亡。今天存在的有机体是由不同于昨天的有机体的材料组成的。它保留了那些在持续变化之中限定了特征的大的不变的因素。然而这些东西也在随时间缓慢地变化。因而，事实上那儿所存在的是一个成长和衰亡的永恒的变化，其中"有机体"与其说是一个物体，不如说是每天都在再生和重新成形的持续变化背后的不变因素的特征。

一个城市或建筑也是一个过程的持续变动。

如果我们今天参观伦敦或纽约，它们就不同于五年前的伦敦或纽约。就像在一个有机体中一样，存在着一个不断地形成新建筑，破坏旧的，置换、重建和更改城市组织的发展着的过程。

但又一次，正像在有机体中一样，也有某种保持一致的东西——在持续变动的背后有一个不变的连续性，一个特征、一个"东西"、一个"结构"。

就像基因遍及细胞中一样，模式语言确定了在事物的变动之中，存在着这样的结构，这样不变的事物，以使建筑或城市保持完整。

我们已经知道，一个城市或一个社区中共同的模式语言限定了基本的情境、原形的要素、人们希望的生活方式的组成部分。

现在我们将看到的是，这种模式语言，一旦它是完整的和广为传播的，它也在城市沿革中保持情境、建筑、要素、场所的缓慢的搏动、成长和死亡。

设想发生在一个城市中的不断的创造过程。

拓宽的道路，封闭了的道路，在建造的市场，新的住房，重修的旧房，用来办公的公共建筑，楼角处的一个花园，在街上跳舞和进餐的人们，供应给他们食品的自动售货机，用来观赏街道的坐位，一个姑娘缝她喜欢的坐垫，果园的花，老人们拿帆布椅坐在花下，一家新旅馆开张，农场住房拆掉，汽车站的角落变成了人们在公共场所讲话的场所，新旅馆引起对出租汽车的需要，出租汽车公司建立了出租车队⋯⋯

所有这一切由这样的事实支配，帮助形成建筑和城市的每个措施以及它们的活动是由人们共同使用的模式语言控制的——而且，首先是由语言中那些和特定措施有关的部分控制的。

总之，这个持续的变化，其中城市发生新的活动，维持旧的活动，修正、改变旧的活动，是由共同的模式语言控制的，正像开放的花的缓慢变化由其中的种子控制一样。

语言如何控制的呢？

每个具体的建筑问题有一种语言。城市作为一个整体有一种语言，城市中每个小建筑都有其自己的语言。

最大可能的模式语言适用于城市。它包含了作为亚语言的城市中不同文化和亚文化的语言。这些语言又包含特殊气候或当地条件的特殊亚语言，而这些亚语言依次包括单个邻里语言。这些邻里语言包含不同种建筑的语言，以及要建在任何个别基地上的个别建筑的语言——这些建筑的语言包含不同家庭或个体需要建造他们的房屋、花园和各种单体大建筑的小角落的语言，作为更小的亚语言……

以下是窗座的语言：

禅宗观景	**深窗洞**
窗前空间	**大敞口窗户**
嵌墙坐位	**小窗格玻璃**
门窗边缘加厚	**过滤光线**

以下是一个住房的语言：

家庭	中心公共区
半隐蔽花园	有生气的庭院
树荫空间	室内阳光
有天然采光的翼楼	农家厨房
主入口	起居空间的序列
私密性层次	夫妻的领域
朝东的卧室	家庭工作间

以下是邻里中修整公用地带的语言：

活动中心	绿茵街道
小路网络和汽车	主门道
近宅绿地	圣地
小广场	户外亭榭
眺远高地	临街咖啡座
街头舞会	

以下是确定一个城市生长边界的语言：

指状城乡交错	地方交通区
农业谷地	环路
乡村沿街建筑	珍贵的地方

每一建造行为把一小部分模式转化为现实。

在有一个共同语言的城市中，这一小部分总是从限定城市的百来种同样的模式中选出来的——因此，当不同的建造活动发生时——尽管它们相距很远或物理上不相连——还是逐渐产生同样百余种模式——并给予城市作为一个结构的连贯一致性。

　　而后，我们看到了，每一建造活动是如何因为其模式语言是城市更大语言的一部分而贡献于产生城市的更大过程的。

　　正像每个基因或每个染色体中的基因组团控制了有机体各部分的生长与恢复一样，在城市里，共同语言的每一亚语言也保证了整体组织完整一致的显现。

　　正像在有机体中一样，建立和恢复的过程之间不存在明显的不同。建造的每一过程帮着修整某一更大的整体，它们仅仅是一部分。没有什么东西对它本身是完整的。

　　而共同使用的更大的模式语言隐于建造和修整活动的不断变更之后，并确保在事物不断变更之中有一个结构，一个不变的持久性，使城市保持完整。

　　过程之所以能使千百万微小活动结合起来成为一体，并不仅仅是所有这些活动都是由一个大语言的各个局部支配的缘由。

　　共同的语言有一个远远超出这个简单协调的结合力。之所以如此，根本上是因为每一模式通过语言之网连接了语言中一切其他的模式。而这一结构网的事实反映了更重要的事实，那就是每个建造行为也可以超出自己的界限，促进城市中其他模式的成长。

较大语言中的每一模式语言，因为和整个语言相连接，就可以帮助所有其他的模式形成。

回想一下语言中每一模式是怎样与其上下的模式相联系的。例如，**私家的沿街露台**的模式就有助于完成街道的较大一层次的模式——**绿茵街道、外部空间的层次**。而且依次由其下的更小一层的模式**有围合的户外小空间、半敞开墙、软制面砖和软质砖**等完成。

当我们使用一个共同语言在我们的世界之中建成一个模式之时，我们也就自动地建了这些较大一层的和较小一层的模式。当我们在一个共同语言的框架中建造一个**私家的沿街露台**，我们也试图小心地以帮助在街上形成**外部空间的层次**，帮助形成**绿茵街道**的方式来安置它；我们也用**有围合的户外小空间**的盖顶——或许一个棚架或一排柱子来围合它；用一个帮助和街道半连接的半开敞墙和逐渐变旧并呈现使用印记、有小植物生长其间的瓦、砖或木表面来使之完备。

每种语言牵引着更大一层语言的结构，用它带动其他一些较大的模式，而后以这种方式帮着修整更大的整体。

因而，在更大的语言中，任何活动不可能不帮着修整更大的整体，任何建造活动不可能保持为孤立的活动：它总是成为行为变动中帮着保持整体的那一部分。

采取措施改进邻里公共地带和街道的邻里组团也将帮着在更大一层的城市中产生较大的交通、密度和商业区的模式。

建造一个住宅并有住宅语言的人也将帮着建造其住宅之外更大一层的街道，产生形成住宅外街道的模式。

甚至砌一块砖修补墙也将不只是修补那堵墙，而且会有助于修整那堵墙帮着形成的坐位、平台和壁炉。

模式语言是一个工具，依靠它，城市自身永存的消长动势得以保持其结构，并使其自身不断富有生气。

它以这样的方式控制着所有个别活动，即每个建造活动和每个看来微不足道的更小的活动，都是由它必不可少的语言中的模式来控制的。它逐渐地、一天一天地产生了这些模式，于是这地方不断地通过创造和破坏的渐进过程保持着生机。它不只是这一有生气过程的终极成果，而更是持续动势本身。这一过程没有结果：富有生气的建筑和城市就是那个持续的动势，它受它的语言支配，永恒地创造着自己。

我们看到了一个公共模式语言所具有的巨大力量。

生活的过程是由来自部分的整体的连续创造标志的。在一有机体中，细胞协作形成器官和作为整体的躯体。在一个社会中，人们的个别行动协作形成风俗和更大的整体……

在城市中，模式语言作为生活的源泉，主要是因为它帮着从许多个别行为的互相协作中产生整体。

第十九章

空间的分化

在这一过程中，每一个别的建造活动就是空间得以分化的一个过程。它并非是一个由预成了的部分相结合而产生整体的相加过程，而是一个逐渐展开的过程，就像胎儿的发展，整体先于部分，并实际通过分化孕育了各部分。

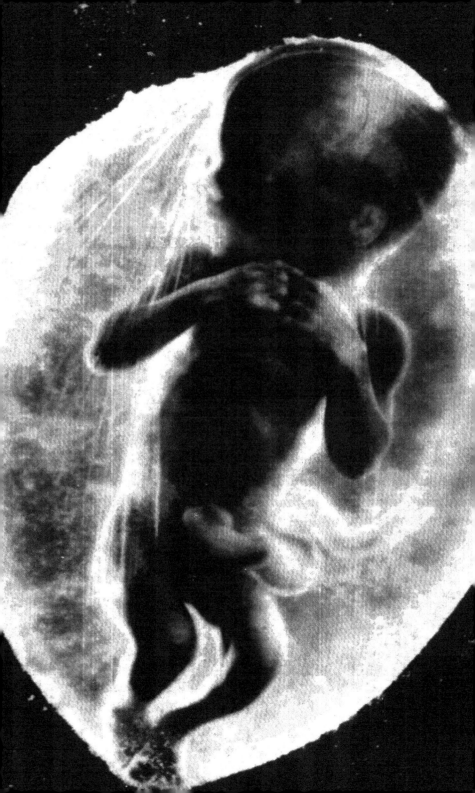

现在看看单个建造行为。

正如我们已经看到的，存在着特定于这一建造行为，并赋予它以秩序的某种语言，它是更大一层的语言的局部。

但究竟这一语言是如何工作的呢？

在第二十一章和第二十二章，我们将看到一些特殊的例子，表明这一过程究竟是如何帮助一个人设计一个建筑平面的。而后，在第二十三章我们将看到，建筑一旦被设计出来，是如何以继续其发展过程的方式被建造的。

然而，只有我们首先理解了模式语言工作方式的两个基本观点，我们才能充分理解这些例子。在这一章中我们将了解语言中模式秩序的重要性。在下一章我们将了解秩序中每个模式强度的重要性。

开始先回忆一下任何有活力的系统其组成部分的基本情况。

每一部分依据它在整体中的位置稍有不同。一棵树的每一枝依据它在树上的位置形状稍有不同，枝上的每片叶子的形状细部不同是由于它在枝上的位置不同。

而它们必有此一特征，因为要成为有活力的个体，它们必须恰当地模式化：而这意味着，它们必须包含上百个同时交迭、交织的不同模式——这复杂的图像只可以被包含于自然的几何之中。

THE WAY

道

询问自己，何种过程可以产生有此一特征的建筑或场所？

何种过程将允许我们在一个有限的空间中塞满一百个模式？

或者更具体地——记起我们在第八章中所讨论的，一个几何包含上百个互相作用的模式，总会使每个局部独特的——我们可以再问，何种过程能够创造出每一部分稍有不同的东西来？

设计常常被想成一个综合的过程，把东西放到一起的过程，结合的过程。

根据此一观点，整体是由放到一起的部分创造的，先有部分，而后有整体的形成。

但把预成的部分加起来不可能形成有自然特征的任何东西。

当部分是模数化的并在整体之前就被制造出来时，按定义，它们就是同一的，因而每一部分不可能依据它在整体中的位置而成为独特的。

更为重要的是任何模数化部分的结合绝不可能包含肯定同时出现于有活力场合的模式数量。

唯有依靠每一部分由其在整体中的位置更改的过程才可能使一个地方富有生气。

为了讨论起见，设想某一**农家厨房**基本上由一个大厨桌、炉灶及周围台板组成。并假定，现在，在一角有一壁龛。显然，此壁龛会是一个略为特殊的壁龛，它也许必须是厨房柜子的一部分，或是以某种方式同它相连，并同厨桌有一定的关系。

进一步假定，这稍有不同的壁龛现在要容纳一个**窗前空间**和**窗台，**一个坐的地方，一个低槛。当然，这个临窗场合也许又必须采取壁龛具有的特殊形状；它也许光线较少，因为它处于不被烹调工具占据的唯一角落；它会有个比一般的要高的天花板，因为厨房需要更多地通风；它也许会有砖铺地面或砖贴面，以阻隔厨房的水汽。

总之，每个部分因存在于更大一层整体的关联之中而获得其特殊的形式。

这是一个分化的过程。

它把设计看作一个复杂虚构的活动顺序，结构是通过操作使整体产生作用并起波动而注入整体之中的，而不是通过一小部分一小部分叠加的。在分化的过程中，整体孕育了部分：各部分好像三维空间外衣的皱褶，而三维空间是逐渐起皱的。整体的形式和各部分同时出现。

分化过程就像是一个胚胎的成长。

它开始作为单一细胞。细胞长成一个细胞球。然后，通过一系列的分化，每一次在前一次上构造，结构变得越来越复杂，直至形成一个完整的人。

发生的第一件事情就是此球得到一个内部、一个中间层和一个外层：内胚层、中胚层、外胚层，以后将分别转成骨架、肉和皮肤。

然后，这一个有三层的细胞球取得一个轴。轴在内胚层中，并将成为完整的人的脊骨。

然后这个带轴线的球在一端有了一个头。

随后，第二级结构——眼睛，骨干相关于脊骨轴和头发展起来了；等等。

在发展的每个阶段，新的结构出现于已经出现的结构之上。发展的过程本质上是一个操作序列，每一个操作分化了由以前的操作所做出的结构。

在语言影响下的创造者心中设计的展开正与此相同。

一种语言允许你在心中通过一次一个地把许多模式放到空间之中而生成一个建筑的意象。

在设计过程的开始，你可能会有外部空间应"大概在这里"和建筑"大概在那里"的想法。无论是"外部空间"的模式，还是"建筑"的模式在这一阶段都没有非常精确的限定。它们像两朵云，中心不精确，没有精确的边缘。在这一阶段，甚至并不完全肯定，称作"外部空间"的云将完全开敞——称作建筑的云将完全加顶。你在设计的这一阶段只是粗略地安排这两朵云，你充分明白，设计只有在云朵本身巨大的秩序中才得以精确，尺度上更小的所有各种细节以后可以改变。

在以后的过程中，你也许要布置建筑"入口"。你称作入口的模式又是一个尺寸适当的云体，它足够清晰以便你可以相对于其他大云确定它的位置，表明它与相邻物之间的关系，但不过精确到如此。

而设计过程的另一阶段可能是安置柱子。这柱子有一定高度和一粗略的尺寸——但在你最初安置它时，它几乎又没有更多了。随后，你通过确定柱子的边缘、钢筋混凝土梁、基础等使柱子尺寸和高度更加精确。

不管我们何时想使这些模糊的云状模式更精确，我们总是通过安置限定其边缘和内部的其他更小的模式来做到的。

每一模式就是一个分化空间的操作符，也就是说，它在以前没有差异的地方创造差异。

操作符既然总会生成一例模式，它就是具体和特殊的。

但操作符又是相当普遍的，因为它是以它的执行和周围相互作用来产生一个模式独特体现的方式，指令操作的。

　　而且在语言中，若干操作是按顺序安排的：以便像它们进行的那样，一个接一个，逐渐地诞生一个完整的事物，在它同其他可比事物共享模式的意义上，语言是一般的；在它依据其具体情形是独一无二的意义上，语言又是特殊的。

　　语言是一系列这样的操作符，其中每一个进一步对以前分化结果的意象进行分化。

　　由于各个模式是按其形态的重要性来安排的，语言的使用保证了一个整体被连续地分化，以便一层一层更小的整体展现在其中，作为取得差异的结果。

　　当一种模式语言被恰当使用时，语言就允许使用它的人产生各是自然一部分的场所，因为模式所限定的分化的连续活动是以每步诞生新整体的方式安排的。场所变化无穷，因为它们适应于它们所处上层的整体，整体间的各个部分自身完整，因为分化的活动使它们如此。

　　这里是一个阳台的简单例子，其形状是由分化过程生成的。

　　我的住宅有一个凸窗，窗外是一片松林。我决意在窗外做个阳台，离地 6ft 高，和起居室地面相平。下面是产生设计方案的一系列决策。

树荫空间： 我决定用一棵老松作为扩建的右角柱，这是棵很美的树，在阳台的转角处，伸展它的树枝，形成了一个天然的伞。

有阳光的地方： 我使左柱尽可能远离开右柱，以便获得和煦的角落，太阳每天就会不断地把光影射进来。

结构服从社会空间的需要： 我决定另外安置两个柱子，不是一个，以便产生两个转角空间，两个直径各约5ft 的有用的社交空间。一个柱子只会是一种分割，并不能产生任何空间，因为转角将会太大。

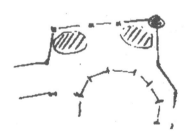

角柱： 一方面我想让转角足够大，作为社交空间使用，因此比中跨大些。另一方面，因为这些柱子限定了中间梁的位置，我想中间梁该是多大就做多大，不使其

太小而形成浪费。考虑结果，最后将角柱尺寸定成 5½—3—5½ft。如果柱子按模数等跨，转角就太小了，不能用。

圈梁：右边的梁正角，这样可直接卡在树上。

楼面：根据需要切出厚板，适应阳台的整个形状。

　　设想倘若我努力用模数构件来完成，这个阳台会成什么样？

　　为方便讨论起见，我们假设，有某种可以使用的预制混凝土建筑构件——单个 4ft 宽。

　　松树就不可能使用了，因为构件连接柱子有规定的方式——在此一系统中它无法和树连接起来，因为树会倾斜一定角度，不能符合模数。

　　梁卡在树上也已不可能，因为它是以一定角度卡在树上的。而这就需要做出某种笨拙的方块组合，将会破坏阳台与下面的灌木丛和树之间的简单的边缘。

　　阳台的宽度不得不定为 12ft 或 16ft，16ft 太大了，12ft 则不能充分利用基地，缺了左边的阳光之地。

这样也就不可能把转角作为有效的地方：柱子的等跨会使转角不够大而无法使用。

总之，这个有机的阳台不可能用模数构件建造出来。

分化的过程保证每一决定只适应在它之前出现的更大的决定，而且不受尚未到来的细节的妨碍进展下去，只有这一过程才能使阳台成为自然而生动的建筑。

但是，这一过程起作用只是因为语言中的模式有一定秩序。

例如，假定我拿一个随机排列的住宅模式表。我将不能用它来建立一个连贯的意象，因为不同的操纵定然会互相矛盾。为清楚理解起见，设想有个人在为你读出一套住宅模式，每次一个，他进行时，你试图形成住宅的一个单一连贯的意象。而假定，某个时刻他读出了随机排列的模式表。例如：

有围合的户外小空间：居室敞向一种有围合的户外小空间。

凹室：居室周围都有凹室。

车库与住房相连：厨房靠近住房入口。

儿童的领域：儿童的卧室接近厨房。

农家厨房：居室和厨房互相挨着，其间有半敞的厨房台柜。

你不能以这种顺序依次读这张模式表，而随之产生一个住宅的连贯意象。读完最后一个，你将不得不"回过来"。当你读了前四个陈述时，你已经以一定的相互关系安置了家庭房间、花园、儿童卧室和厨房，如果这个布局恰巧包括了第五个模式——厨房和居室相通——那将是纯粹的巧合。

倘若此时你想象的布局中厨房和居室是被分开的，你将不得不改变它——而改变它根本上意味着再回到第一个陈述。

若干模式将只让我在心中形成单一连贯的意象，如果我接受它们的顺序，一次一个模式，逐渐地让我建立一个设计意象的话。

如果每一模式总是和我已经从顺序中前面一切模式所建立的整个意象相连贯的话，我才有可能这样做。

这需要模式的顺序满足三个简单的条件。

第一，如果模式 A 在语言网中位于模式 B 之上，那么我必须在 B 之前提出 A。这是最基本的规则。比如，如果语言中**起居室**在**凹室**之上（**起居室**包含一个**凹室**作为它的一部分）——那么，很明显，我不能于我的**起居室**的意象之中建立**凹室**，直到我已经得到了一个**起居室**本身的大略和预备的意象。

第二，我必须直接地把 A 之上的所有模式拿出来，尽可能在顺序中连贯在一起。如果**内部交通领域**和**汽车**

THE WAY
道
353

住房相连，两者都在**主入口**之上，它们将只会在我的心中为入口产生一个连贯一致的框架，如果它们放在一起我会混淆了它们。

第三，我必须把模式 A 之下的所有模式直接拿出来，尽我所能地按顺序连贯在一起。例如，**户外正空间**和**有天然采光的翼楼，**都直接在**建筑群体**之下，必须放在一起。当你把某一房子放到某一地点时，你在同时创造了形成花园的外部空间。你不能够帮助它，一个限定了另一个。建筑限定了外部空间，外部空间限定了建筑。所以你必须尽可能同时使用两种模式。

我们已经能够从经验中发现，模式的顺序越满足这三个条件，一个人的意象就越连贯。

当顺序完美满足这些条件时，任何人——甚至一个所谓的"门外汉"，当他听到一个接一个的模式时，将自发地在其心中创造一个完整建筑的连贯意象。当他听完所有模式时，他将能清楚地描述完成的设计，他能够让另一个人"走"入其中，描述他从各种角度看到的情境……总之，他的设计是连贯完整的。

另外，模式顺序越违反这三个条件，人的意象就会变得越不连贯。

例如，如果两个模式都在语言中给定的模式之上，在顺序中被大大地分割开了，这两个模式之间的关系非常可能会在出现的设计中混乱。或者，更极端地，如果一个小模式的顺序在大的之前而违反了第一条件，那么所有其间的模式将被赶出这种展现的设计，甚至被完全忘记。

这就是何以一种模式语言具有帮助我们形成连贯意象的自然的能力。

我们总可以使用我们的语言来产生与这三个条件相一致的顺序。例如，假定你想使用一种语言来设计一个住宅。

我们从第十六章中知道了，语言具有一个网状或级联结构。为方便讨论起见，假定语言包含了住宅中需要的 100 个模式。为使这 100 个模式有恰当的秩序，你只需来回看一遍，一次一个模式，粗略地向下，同时向后向前移过语言网，尽你所能遵从这三个条件。

我们从语言中获得的顺序几乎会自动地满足这三个条件。

当然，任何给定项目的模式的特殊顺序依据项目的细节总会是独特的。

之所以如此是因为，根据关联，模式互相稍有不同的关系……当我试图满足这三个条件时，这不同的关系将影响它们的顺序。例如，在城市一小块窄地中的一个住房，模式**小停车场**对设计产生了决定作用的影响——因此模式必须在序列的前面。在另一个土地较多的住房，这个模式就放在序列的后面（因为汽车可以放到几乎任何地方，而不受约束），但另一种模式——**树荫空间**——必须放在前面，它们现在对设计产生了控制影响。

但在每种情形中，都有某种最适合于那一设计的模式顺序，你多少可以从你对每种模式同其他相比所具有的形态影响大小的认识中得到这一顺序。

因而语言产生的一个设计的模式顺序是设计的钥匙。

一旦你发现了合适的顺序，设计连贯东西的力量几乎自动地产生，并且你将能做出一个美妙完整的设计，而无任何困难。如果顺序得以正确排列，你就可以产生一个美妙的整体，几乎不必去努力，因为它在你心中自然地这样做了。但若是顺序被不正确地排列——如果顺序本身是不连贯的，或其中的模式不完整——那么任何努力都不会使你产生一个完整设计。

习惯上认为一个建筑不能够按顺序一步步设计。

但事实上，直到你理解了什么特点是主要的，什么特点是次要的时候，你才能够理解一个建筑的形态，或产生一个具有那种形态的设计。作为艺术家，在你心中建立这种形态秩序是对你的能力最基本的要求。就此而言，艺术家对顺序的实际创造，是设计任务最具决定性的方面之一。当模式的顺序于你而言变得清晰起来时，你便第一次真正理解了你在做什么。

顺序是不正确的，设计就是低劣的。

但语言给予你的顺序之所以起作用，是因为它在每一步都把建筑看作一个整体。

每一模式是一个遍及整体、渲染整体、破坏整体、组成整体的场。我们可以一次一个，一步步地处理模式，因为每种模式都对整体产生影响——并且每种模式都可以对作为以前模式结果的整体产生影响。

在自然界中，一个事物总是作为一个整体诞生、发展的。

一个婴儿，从母亲怀孕的第一天起，就作为一个整体，每天都是一个胎儿的整体直至诞生。它不是把部分加起来的一个顺序，而是一个本身扩展、卷曲、分化着的整体。

一个波浪是作为一个整体形成的。它是波浪系统的一部分，并且当它开始、上涨、碰撞和消亡之时，是一个合理形成的有活力的整体的一部分。

一座山是作为整体形成的：地球外壳隆起形成了山，当山向上长时，每块岩石、每颗沙粒也是完整的，其中没有什么东西未被完成，经过几千年，形成了我们今天看到的状态。

一个建筑也只有当它作为整体成长时，才会唤醒生活。

当我们接受了我们心中的整体，它作为一个整体开始，并作为一个整体继续贯穿我们的精神运演，而且作为一个整体终结。每一精神运演分化它，使之更复杂，但却把它视作一个整体，并控制我们所具有的作为整体的意象。

在每一层次，一定的模式得以确定：细节被挤入位置而形成这些更大模式的结构。当然，在这种情形下，细节总是稍有不同，因为当它们挤进已经确定的更大结构时，它们变得扭曲了。在这种类型的设计中，一个人自然地感觉到，整个的模式比细节更重要，因为它们控制了设计。每一模式都被赋予了重要性，并且控制了它所处的模式层次的整体。

这就得出了以下结论：当一个模式语言被合理使用时，它允许使用它的人使场所成为自然的一部分。

自然的特征并非外加到一个优秀设计中的东西，它直接来源于语言的秩序。当语言中模式的顺序正确时，展开过程允许设计像开放花朵一样平稳地展现。

现在我们准备找出这一展开过程的细节。

第二十章

每次一个模式

展开的过程步步深入，一次一个模式。每一步给生活带来一个模式；而结果的强度有赖于这些个别步骤的每一个的强度。

现在假定，对于一给定的建造行为，你有一种模式语言，并假定在这种语言中，模式按恰当的顺序安排。

做这个设计，你一个一个地选取模式，使用每一个来分化前一模式的结果。

但每一个模式究竟是如何分化的呢？

在模式顺序展开的任何给定时刻，我们有一个部分限定的整体，具有一个早先按顺序出现的模式所给定的结构。

现在我们所面临的问题是，遍及整个结构，在整体中引入下一个模式，以它来充实整体，向整体输入这一模式的结构，在整体中做出那些将把下一个模式带向生活的模式。

这究竟是如何进行的呢？

假定，你想创造一个有生气的**窗前空间**。

首先开始回忆所有你知道的**窗前空间**：特别是最美的**窗前空间**。闭上你的眼睛，集中于它们——以便得到一个直接的、生根于你自己体验之中的模式的本能的认识。

并且亦集中于使窗子有活力的**窗前空间**的特殊方面：**使窗前空间**成为"空间"的光线、坐位、窗台，或许还包括外面生长的花，恬静而独立。

问你自己，倘若这一模式已经存在于你想要它的那个地方，它会是什么样。

为了做到这点，你只需闭上你的眼睛，并想象你在进门。想象你在设计的房间或场所有一个**窗前空间**于其中。

你对模式的认识，同你对场所模式的认识相结合，将向你说出并告诉你模式在这个特殊地方采用何种形式。

为保持模式强有力，重要的是你先不要放入任何细节，你不需要想象窗格玻璃的具体位置，因为那会由以后的模式去做。你不需要知道窗子的确切高度，因为以后模式**矮窗台**会为你做出。你不需要知道天花板的确切高度，因为以后模式**天花高度变化**会为你做出。

在这一阶段，你所必须清楚的唯一事物就是整体，**窗前空间**本身的空间，它多么大，光线如何射进来，人们如何就坐，以使他们和光线与房间内部相关联，而最首要的是，**窗前空间**如何确实限定一个可以被确认的场所和光线。这些东西你必须知道，因为这些是这一模式专门涉的东西。

最重要的事情是你认真地对待这一模式。

使用模式，如果只是口头上的，绝不会有什么意义。

例如：我记起一个人在设计一个有上下两套房间，并有一个外门通向楼上房间的海滩别墅的情景。他告诉我他所使用的模式是如何进入他的设计的，他说，楼梯上面的楼梯平台是楼上房间的**入口的过渡空间**。

我对他说：瞧，这么小的平台，也许只有 3ft×4ft，根本不是**入口的过渡空间**，你不过在这样称它并竭力自称你已经创造了这种模式罢了。它不过是楼梯的上部。**入口的过渡空间**是光线变化、水平变化的地方，它是你在进入之前突然充溢的一种新的体验、一种变化、一种去掉一切的清爽。

如果你真的想在那里、在楼梯的顶部做一个入口的过渡空间，你必须闭上双眼，并且自问：如果这是世界上最有意思的入口过渡空间，它会像什么呢？

想象。我闭上我的眼睛，我看到了一个突然出现景色的地方，这景色在楼梯底部是看不到的。我看到了充满夏季茉莉的景色。当我上到这地方，我听得到我的脚步声：它变了，也许因为有一个嘎嘎作响的木板。于是现在我开始想象一个楼梯，它几乎由细工木雕封住，它上面是开敞的，看得到大海；头顶上的格子爬满茉莉；门口有个坐椅，我可以坐在上面，闻到花朵散发的清香。楼梯板可以嘎嘎作响。

现在，你真正地做了某种东西。

现在这个入口的过渡不再是个口头上的过渡了，它是一个实际的有活力的东西。但现在，自然，它也许有点令人不解。我为何非得建个那样的楼梯，使它在下面更封闭，用木雕让光线射进来呢？我为何非要上部放一个平台，以便回过头来看到大海呢？此时它已不仅是楼梯的端部了。它是一个我将不会忘记的地方，因为它有特征。这一特征不是由我随意创造的——它只是由认真注意模式而被产生的。

的确，每一种模式，当你真正运用它时，就创造了一个几乎令人惊讶的特征。

当你坚持并名副其实地形成模式，且和它完全一致时，它产生了一个特征：它看起来几乎是陌生的，稍使人吃惊的。而最终，你知道有人已经下功夫了，它不是平淡的，而是丰满的。

例如，在这章的第二张图片中，**带阁楼的坡屋顶**的挑出部分是巨大的。

不是口头说的**带阁楼的坡屋顶**。建造它的人用所有的勇气和肯定性来建造它。没有三心二意，没有妥协，这是一个丰满的坡屋顶。

在第三张图片中，**过滤光线**再次强烈起来。

这张图片是重要的，因为它表明了认真产生模式不需要钱。这里，在最简单的棚屋中，里面的人如此强烈地感到了**过滤光线**以致他们以最超常的方式，越过窗子把豆角挂在窗子上。他们认真地产生了模式，而模式为他们创造了独特的东西。

在那些超常情形下生长的岩石或树木中，你会发现同样的强度。当一棵树生长于一个角落，风从一边吹来，岩石在其下，它会具有由特殊的情境与其基因相互作用产生的强烈的野生的特征。当模式被赋予了充分的强度，并被允许自由地同环境相作用，我们会得到同样的情形。

在第一张图片中，我们看到了十分强烈的**两面采光**。

几乎每个人都有这样一种体验：房间充满了光线，阳光投射进来，也许是黄的窗帘，白的窗木，地面上的阳光斑影，猫在窥视——光亮地方的松软的垫子，从窗户望出去花团绵簇的花园。

倘若寻找你自己的体验，你自然会忆起像这样的地方——太美妙了，想到它都会使你惊奇。

看看这第一张照片中托普卡帕宫的大屋子，就好像房间本身是一个大窗子。倘若你留神注意，你也可建造出这样的一个房间，如果你足够注意,足够认真对待窗子，寻找光亮的地方，放置房间，不是放在正好让两边进光的地方，而是放在最好的地方，在那儿它可以从整个周围得到光线，而且是场地内最好、最美的光线。这样美妙的房间就会出现。

你会不相信，你也能够建造出像这样美妙的地方来。

于是，当你处理**两面采光**这一模式时，你只是三心二意随便查一下，看看每个房间是否有两面墙朝外，是否有两三个窗子多少在合适的位置上。

但是那会一无所获。只有当你充分相信，你所做的每个房间会同你曾见到的最美的阳光充溢的房间一样美，而后你足够认真专注之时，你才能建造出最美的房子。这里所需要的一切只是热情。

为了做到这点，只需让它在你的心中出现。

向你自己说：我正在进入那个房间，我还没在里面，而是通过门进去。在那儿使我惊奇的是，它竟是我所见过的最好的房间。两面采光的模式就在那里，和我知道的一样强烈和美妙，就如同照片中托普卡帕宫的一样强烈……在你进门之前，你对自己说了所有这些，而后，就闭上眼睛，进入想象，你走进靠门的房间，打开门，迈了进去……就是这样。

就是这样。突然，没有任何有意识的努力，你的心灵将向你显示，在那个特殊的地方，这两边的光线是如何同你知道的任何地方一样美妙神奇的。

不要有意地创造模式。倘若如此，你心中的意象和意念将破坏模式，将开始取代模式，而模式本身就绝不会进入这个世界：相反只会有一个"设计"。

摆脱进入你心中的意念，摆脱你在杂志上、朋友家等地方看到的图景……坚持模式，而不要任何其他的。

如果你让模式出现的话，它将和真实的情境一起在你心中产生恰当的形式，而无须你努力去做。

这就是语言的能力，这就是何以语言有创造力的原因。

你的心灵是跳动于模式和世界之间的创造性的火花得以出现的中介，你自己只是这一创造火花的中介，而不是源泉。

我记起曾经坐在伯克利，努力地在纸上为我们的秘鲁住宅做总平面设计。一个放入基地的**环路**还不能合适地定下位置，我们不能够发现把这种模式道路放进设计的合适的方法，也就是那种模式告诉我们放入的方法——于是我决定在我的想象中，绕着基地散散步。

在伯克利我坐在我的椅子上，离利马的现场有8000mi，闭上我的眼睛，并开始绕着市场散步。有许多的窄巷，覆盖着遮影的竹顶，摆着小小的货摊，水果贩叫卖着手推车上的水果。我在一个老妇人的手推车旁站住了，从她那里买了个橘子——我站在那里时，恰巧面北。然后，我咬了一口橘子——在我的想象之中。正当我咬的时候，我突然停下来，问我自己，"噢，路在哪儿？"丝毫未想，我就确切知道它在那儿，并知道它同市场的关系——我知道它肯定在那儿，从我面朝的方向向右。我知道那是自然的，它肯定弯弯曲曲通向市场，在那儿和市场相连。

然后，我停下来，回到我的房间，我的椅子，继续做我的设计。我立刻意识到，很自然出现的路的位置不同于我这几天来努力在纸上所做的——它完全正确，并完美满足了所有模式的需要。

是站在那里和咬橘子的生动情景让我自发知道了道路的最自然的位置。

你可以发现这种让模式自己形成的与众不同的方式。

为做到这一点，你必须放弃你的控制，而让模式起作用。你不能按照一般的方法做到这点，因为你在努力做出决定，基本上没有把握住它们的基础。但是如果你熟悉你使用的模式，如果它们对你有意义，如果你确信它们有意义，它们是意义深远的，那么就没有理由害怕，没有理由害怕放弃你对设计的控制。如果模式有意义，你就不需要控制设计。

你也许害怕，如果一次一个模式，设计会不能进行。

倘若你一次采用一个模式，有什么保证所有的模式连贯地配合在一起呢？倘若把模式放在一起，一次一个，那么突然在面对第九个或第十个时，你会发现它是完全不可能的，因为至今显现的设计和顺序中下一个模式之间存在着冲突，结果会发生什么呢？

在设计过程中我们体验到的最大的畏惧是什么东西都设计不出来。只有当你驱走了这种恐惧之时，建筑才会变得富有生气。

比如假定你在努力确定你房子的入口放在哪里，你在做的时候，其他问题的意象掠过你的心。如果我把入口放在这儿，能适合餐室吗？但另外，如果我把它放在那儿，我会没有放置卧室阳台的余地了……我将做什么呢？我该如何安置入口以便所有这些问题到时候自行解决呢？

但是，只要你在担心并思考你按顺序不得不处理的其他模式，你就不能充分而有力地创造一个模式。

这种狂乱将会扼杀模式。它会强迫你产生人工的"想出来"的生硬和单调的形状。这是最经常妨碍人们充分创造模式的东西。

假定，我们试图建造一个其中有 50 个模式的房屋，50 个模式不发生冲突，这看起来是不可能做到的。因此，完成整个组合，其中做出足够的妥协，允许每种模式在一定程度上得到表现，这看来是基本的。

这种心灵的框架破坏了模式。

它破坏了生活的所有可能性，因为一旦你开始对模式让步，就没有生活留在其中了。

但是不需要这心灵的框架。模式之间做出让步是不必要的。

当你开始想在模式之间让步时，你就没有考虑这样的事实：每种模式是一个转换规则。这意味着每种模式有能力通过注入一个新的形态于其中转换任何形态，根本不要干扰以前在那里的任何形态的实质。

假定我想创造一个主入口。

作为一个规则的**主入口**的特征意味着，我能够采用任何缺乏这种模式的形态——**它可以**是已经存在的真正建筑或部分心中想出的建筑——应用这种模式——以最美和极限形式的可能注入主要入口于其中——而不必干扰我已经做出的东西的实质。

没有理由胆怯。

倘若我要创造一个美妙的**主入口**，没有必要担心是否我以后在那儿能够造出美妙的**入口的过渡空间**。

当我把主要入口加进设计中时，我只需极大程度地——以当我以后到达**入口的过渡空间**模式时，我将能够再次以极大程度地注入那模式的认识想象**主入口**模式。

语言的秩序将确保这是可能的。

因为我们在第十九章中看到了，语言的秩序是模式需要相互作用以创造整体的秩序。它是一个形态秩序，它与孕育中的胎儿所必然表现的秩序相似。

它是这种也允许每种模式充分发展其强度的非常相像的秩序。当我们有了正确的语言秩序，我们可以充分地一次注意一种模式，因为模式间的干扰和冲突几乎由语言的秩序减少到了无。

在语言限定的顺序之内，你可以一次一个、独自集中于每一模式，确保那些顺序中后出现的模式将放入演变至此的设计之中。

你可以充分注意每个模式；你可以让这一模式有充分的强度。

而后，你可以给予每个模式那种令人惊奇的、使其富有活力的强度。

第二十一章

建筑的形成

具有自然特征的完整的建筑将根据这些个别模式的顺序，在你的思想中，像句子一样简单地自我形成。

我们现在准备看看模式的顺序是如何在我们的心中产生一个建筑的。

它的出现是令人惊异的简单。建筑几乎"自然产生"，正像我们说话时的一个句子看起来的那样。

它可以在一个普通人心中或在一个建造者心中同样轻易地产生。每个人，建造者或非建造者，都可以为自己这样做，使一个建筑充满生气……

假定，一开始我们有一个住宅语言。

一次一个地查看排列有序的模式。

除去模式所需要的，不要加任何其他的东西。

慢慢地，你会发现，一个住宅的形象正在你的心中成长起来。

下面是在以这种方式设计一个住所的那一周内，我写下的粗略的笔记。

我决定在办公室后面建一个小住所兼工作间。一个足以居住的地方；一个客人可以住下来的地方；一个可以生活并作为车间工作的地方；一个当我们不住的时候可以租给朋友的地方。

前面是一幢大房子，后面是另一个住所，一个旧的车库，外部楼梯通向大房子楼上。我判定，材料花费超过 3000 美元将是不实际的。以每平方英尺材料 8 美元的造价（我知道，我们将自己动手建造，所以劳动花费也就省去了），我们就可以建造一个 400ft^2 的住所。

下面是我为建筑选择的语言：

工作社区	单人住房
家庭	朝南的户外空间
建筑群体	有天然采光的翼楼
内部交通领域	鳞次栉比的建筑
楼层数	户外正空间
基地修整	家庭工作间
主入口	两面采光
入口的过渡空间	建筑物边缘
重叠交错的屋顶	有阳光的地方
屋顶花园	有围合的户外小空间
带阁楼的坡屋顶	与大地紧密相连
拱廊	树荫空间
私密性层次	凹室
入口空间	窗前空间
有舞台感的楼梯	炉火熊熊
禅宗观景	床龛
明暗交织	厚墙
厨房	天花高度变化
浴室	

第一件事情是修整。

现存的住所是断开的。停车间似乎被遗弃了，远处的树木和草地长得过大，需要修剪。尤其是生活在主建筑楼上背面的人没有互相连接的整体感。花园最美的部分——面南且在洋槐树下——闲置着，因为它旁边或周围没有任何东西，没有自然进出的路使它可以自然地使用。

为解决所有这些问题，首先，我试图做一个产生**朝南的户外空间**或**户外正空间**的建筑。

我把面南室外想象为一个沐浴在阳光中令人愉快的大露台，伸展到主屋的背后。如果我把它放在住所的西南，树林中的另外的开敞地方，它会获得大量的阳光：是工作、做事情的一个很好的地方。也许天气好时，我们可以在那儿放个工作凳，两三把椅子和一张桌子，便可以坐下来，喝点东西。我们需要在这个地方待一天，来观看阳光，确认阳光落下的准确位置（**有阳光的地方**）。它是复杂微妙的，因为阳光通过树，只在一定的地方射下来，因而我们必须非常准确地放置这些东西。

所有这一切要求把住所尽可能地向北放。为形成一个**户外正空间**，我也把建筑放在场地的后面，以便在车库和前面的树之间留出一个完整的空间。在建筑放置的位置上，住所空间南北向，大约13ft宽，25ft长。考虑了尽可能同现有的住所连接（**建筑群体，鳞次栉比的建筑**），原有住所中没有浴室，如果我们建一个两住所共用的浴室将会有很大的助益。在两个建筑之间正有一个自然的地方可作为浴室。

紧接着，楼层数、重叠交错的屋顶、带阁楼的坡屋顶、屋顶花园给了我建筑的整体形状。

住所主要是单层的，但我们想试一下两层的结构，而且有个能睡觉的阁楼，那将是令人愉快的。这两层部分自然是在北部，以便形成一个向南的屋顶花园。为确定两层部分的位置，有理由把这阁楼想成是 8ft×13ft 的，敞向南面的平屋顶，且在住所的一层部分之上。这就导致产生了**重叠交错的屋顶**。为了我们北面的邻居不在花园边上有一高墙，有道理想象更低的凹室顶朝北跌落。而且面南的某个地方或许也可以同样处理，入口的地方也是一样，也许有个入口门廊。这在建筑的边缘产生了许多低得足以接触到的低屋顶（**带阁楼的坡屋顶**和**重叠交错的屋顶**）。

在整个形状中，**内部交通领域**和**工作社区**告诉我们如何完成场地。

内部交通领域不是很好的。**工作社区**需要的同主屋的连接也不够好。这是主要困难。有两条路通向主要房子背面：一条直接连接车道，另一条通过暗树丛。连接车道的路是不错的，但不是一个直接联系。主屋的后门廊用一边道与其相连。为使联系清楚并且成为通路，我们将打开门廊的后部，因此，它直接和住所的露台相连，从门廊后部到咖啡座、阳伞、椅子或我们放在露台上的其他的东西将只有几英尺，出来进去都很自然。我们可以在地上铺上面砖来做连接，而且注意那里黯淡的树丛——需要加以修剪，砍去已死的树木，以便沿路更敞亮。我们甚至可以铲除一些死树，以便在那里生草，使树木屹立于草丛之中。

基地修整确切地告诉我建筑周围保护什么。

北面的树砍去了，正如我们的邻居所希望的。作为交换，我希望我们将能够建起他的栅栏——因为他现在可得到所有的阳光于其草坪之上了。砍掉树是很遗憾的，但后面的树长得太密，少了一个，其他的会更壮。而且最重要的是，这也通过给予**他朝南的户外空间**帮着修整了他紧挨着我们北面的花园。

在清理基地中，靠着停车间的小苹果树看起来比原先更美了。其树根周围生长着洋葱，开着白花，可爱极了。我们已经在它们周围打了桩，以便在我们施工时保护它们：它们很容易被践踏（**基地修整**）。

结合**基地修整**和**屋顶花园**，我想象 8ft 或 9ft 高的屋顶花园，被东面和西面树的低枝美妙地框住并包围着：在基地上，我估计了屋顶花园的粗略位置，以便正好放在树丛中。

现在，我闭上双眼，更细心工作，想象当建筑唤醒生活对这些最好、最自然、最简单形式的模式将会如何。

主入口给了我建筑入口和入口的位置。

有两条路进入住所——从主要房子的后门廊或车道。入口在哪里，而且它是什么样的才使这两个进路起作用呢？在两种情形中，我都经过前面的露台，到达入口。我最初想了一个有门廊或拱廊的入口，但在那里看起来太暗了。当我闭上眼睛，我看到前门，位于住所主要房间稍向外的地方，就在荆棘树丛后，旁边是挺立着的洋槐。我想象它的两边各有一个小坐位：在太阳底下就坐的自然的位置。入口构架被精心制作，也许是雕的或画的，不是很多，而是稍有一点，也许向外凸出。因为我知道浴室将在后面紧接着现有的住所，朝北，并且我假定将有一个短拱廊连接两个建筑。作为浴室的通道，我确定不了主要入口是否以微小的角度更多地面向车道，或是否面西。在我想出它必须面西之前，清理基地已使斜角看来可能。它将占据苹果树和洋槐之间的小斜角看来是很自然的。还有楼梯的问题，楼梯是否将在入口旁上去——也许室外——或是否将在远处角落的后面隐藏起来（**室外楼梯，有舞台感的楼梯**）？

私密性层次和**室内阳光**给了我内部的整体设计思路。

也许除了下面的想法，**私密性层次**在这样一个小建筑中意义不是很大。（1）前门内小坐位或窗子；（2）楼梯向后足够远，以便它是隐蔽的"床"的地方；（3）楼梯放置得使一个人可以不经过前门走向浴室——换句话说，它是一个通向浴室拱廊的后面的通路。**室内阳光**告诉我，主要使用的空间朝向露台，朝向汽车间，朝向主要房子——而北面，再过去就是我们的邻居，留着作为暗室和储藏室。北面放置一排储物平台也许会有意义——这也将帮着完成北立面。如果后面增加的话，就会包括厨房的柜台和壁炉。

有舞台感的楼梯、禅宗观景、明暗交织给了我通向楼上的楼梯位置。

站在住房的主要房间里面，就会感觉到好像楼梯可以上到对着入口的一边上。这极有道理。它有助于形成房间及其屋顶，屋顶将稍微抬高一些，在屋顶平台的后面，同两层断面形成一个很美的角度——一个面朝西南，适合坐进去享受屋顶的优美的转角。这意味着，楼梯将升起来，也许朝向上部窗子，朝北看得到邻居的花园（新景——一个人能够从那里看出去的唯一的地方），而且给出了模式**走向光亮。明暗交织**的**另外**方面——应该是亮的，后面的地方（厨房）敞向通往拱廊的门——那里也许是小喷泉或庭院，形成光亮，吸引我们走向原有的小住宅。当然，从主要房间的内部看前门外的露台，也是朝向光亮的。

拱廊告诉我如何连接建筑同其西边的住所。

考虑后面的小拱廊，它在"厨房"和旧住所之间，终端是浴室，我向那个住所的苏西讲：在我希望开门的地方，我们看到了她卧室的窗子，如果我们做了门，会破坏卧室的内部，这对我们来说是显而易见的。卧室非常小，第二个门将使它像一个走廊。于是，我建议我们留下窗子所在的框架，内部放一级踏步，外面两级踏步，像一个旋转栅门。我们将在窗架上加个窗扉，也许做 3in 高的窗槛，她就可以经过旋转栅门出来，下两步进入拱廊，到达浴室了。

朝东的卧室因为光线帮着形成了屋顶的细节。

我考虑透过那个窗子的光线，有可能晨光会照不进。于是我们将放置竹子以标示我们期望的屋顶线，而且移动它，一直到还有大量晨光透过那个窗子照射进来。注意这扇窗子，它对于把屋顶定在面朝东西，南北是山墙端部，以便其坡度允许光线更易于照到其住所似乎更重要。山墙端部反正对阁楼有好处——它可直接开向屋顶花园（**带阁楼的坡屋顶**）。

入口的过渡空间向我表明如何安排建筑前面的地方。

我没有充分注意这个模式——有点太迟了。反正我已经在设想格架步道或格架帮助封闭南面的露台，并帮助它不受南面大房子的影响。这也使得露台更是一个半封闭空间，并帮着使它和房子的直接联系比车道联系更为重要。于是我闭上双眼，想象着来到车道，经过和车库相连的绿藤覆盖的格架，进入更敞亮的形成了主要入口前奏的露台。这时这个完整的露台成了一种空间。树形成了它的角，帮着加强了它作为**有围合的户外小空间**的特点。

农家厨房给予我主要房间内部的特征。

尽管住所将是一个工作间和生活的地方，但把内部想象为**农家厨房**也是有道理的，中间放着大桌子，周围是椅子，一盏灯悬挂中央，一边是长沙发和扶手椅……当我开始想象这一切，并想象我进入厨房时，我意识到用放置其间的入口房间做出某种东西比我有意把它放在后面，稍稍远离开门更重要——尽管在这样小的建筑里，这个入口房间几乎可以缩减到无。我想象我在进入，两个坐位之间进入玻璃厅内，光线射进来，接着通过第二个入口——也许是一个低入口——进入**农宅厨房**的主要房间。

与大地紧密相连和**梯形台地**帮助我完成了形成建筑外边缘的方式。

当然，露台连接了泥土。但我在竭力想象如何来做露台和土地相交的地方。如果露台本身是面砖铺的（铺在地上或是薄浆上——尚未确定），边缘可以是坐墙——不过那看起来太正式、太封闭了——也许周围做个简单的混凝土砌块会更好。不过看起来有点呆板。我合上双眼，看到细长的踏步，充满了岩生植物花的砌块——这些形成了边缘，除去个别地方有几个实际踏步连着下面的小路。

地面的坡度不足以做台阶坡地，但基地的后面和露台的前面有几英寸落差。我们决定沿着周线，哪有落差就在哪安置一个自然的台阶——以便尽可能不动土或填土，而住房正依地形而立。

和土地的连接解决了，还有两个尚未回答的大问题。南边的小苹果树怎么样了呢？入口外和浴室拱廊之间，沿建筑的两墙究竟怎么样了呢？很有可能，洋槐树下的地方会完全被一个形成了入口部分或正落在入口里边的临窗场合挡住了。在这种情况下，一个人不能够沿着建筑的这个边侧过去了，只能通过进入建筑才能够到达浴室。不能肯定这是否合适，也许太局促了。

窗前空间和**入口空间**确定了入口的细部处理。

为了进一步发展所有这一切，我们出来到场地周围看看，试图想象所有这些场地上更具体的东西。我们特地从前门开始。它是否应转个角度，面向露台，或是面向西面（向着洋槐，或面南向着车库）？尽管面南比起转个角度来过于直接，但看来最好——它有点**入口的过渡空间**的意思，不让从露台看到内部的完整的景致——它非常美妙地利用小苹果树，朝向一边：使得**窗前空间**正好向西，在前门里边，帮助形成入口房间。我们用 7ft 高的桩子围出了它的位置，于是我们可以感觉到它的存在了。围起来的苹果树和洋葱需要加以保护——于是自然地做一片矮墙，稍有一角度，或许弯展出来形成入门的进路——这将产生**大门外的条凳**。

接着**凹室**进一步分化了内部房间。

现在我们站在房间之中，朝门看看，朝着后面的柜台部分看看，做出刚才设计的房间的实际形状。门右边的**窗前空间**起到了很美的效果。门左边的另一凹间，在苹果树的左边看起来再合适不过了。

现在楼梯架间给我们显示了如何确立楼梯的四个角，这样我们就得以实际看看它对房间的影响。

我想象它非常陡（水平投影长 7ft，高 8.5ft），且不超过 2ft 宽——因为它只通向阁楼。我们知道厨房的后厨柜从建筑北面退进 3ft，上层将直接从那条线升起，这就确定了楼梯的上部。如果阁楼南北长 7ft，足够放一张床，楼梯上到其中，上部要有 3ft 的楼梯平台，这就允许我们把楼梯红线定在南面 6ft 或 7ft 处——楼梯底部红线定在南面 14ft。当我们看这个楼梯时，它有点妨碍东南向凹间——于是我们在苹果树周围把凹间做成八字形，使它更好地和主要房间相连。2ft 的斜面产生了效果上的巨大不同。我们也把它用桩立了出来，想象其中的窗子，向西能看到苹果树（**窗前空间**）。

厚墙帮助我限定了农家厨房的内部边界。

现在，站在就要是**农家厨房**的房间中间，想象楼梯下的另一个坐位或橱柜，向着东边的花园望望：厨台上的小窗朝北，形成了主要的**厚墙**。谈论第二层时，我们意识到其南墙的荷载将正好落在形成了农家厨房的拱顶之上：中间也许需要小梁，这小梁会给我们一个房间美妙的中心，一个悬挂灯的地方（**投光区域**）。

室内净高变化使楼上楼下都很完满。

这个模式几乎自动地通过以前做的工作满足了。对于主要房间，我想象一个大的房顶，中间也许 8.5ft 高。厨房厨台地方的后墙，朝南的主要**凹室**，门旁的**窗前空间**所有的都跳过 6.5ft 的圈梁——下到 5.5ft 或 5ft。楼上卧室反正是低的，在屋顶下，向着西南它还更低，其中的床是在天花只有 4.5~5ft 的**凹室**中。

整个设计断断续续地思考了一周。

正如笔记所显示的，我依次仔细考虑了每组模式。有时，我要花一个小时来想一个模式。在这种情形中，我不是一个小时里都在想这些模式如何做。我做了各种其他的事情，开车、欣赏音乐、吃苹果、冲洗花园等，等待着模式本身在我的心中形成适合这个特殊场地和问题的形状。在许多情形中，我通过走入设计，问我完成以后，如果我正想的模式在建筑中，我在那会看到什么，从而获得许多关键性的认识。常常是回答立刻就出现了。但却是我真在那，可以接触和闻到我周围的东西时，它才出现。

我绝没有画过一张建筑图。

设计完全是在我的心中完成的。

只有在你的心灵的流动中，你才可接受一个整体。随着设计的展开，根据语言的顺序，新的模式才起作用，随着新的模式出现，整个设计在你的心中不得不改变和重新安居自身。顺序中的每个新模式转变着以前模式所产生的整体，它重新安排它，重新组合它。

如果设计以完全流动的中介表现，才会发生，在哪怕有最微小抵抗变化的中介中，它都不能发生。一张画，甚至一个草图，都是非常刻板的——当设计还在胚胎状态的时候，它具体化了远远超出设计本身所要求的细节处理。实际上，我知道的所有的外部中介——沙子、泥土、画片、放在地板上的几叠纸——在同样意义上都太坚硬了。真正流动的唯一中介是心灵，当新模式进入时，它允许设计成长变化。

在那儿的表现是流动的：它是一个意象，仅仅包含着精华的意象——在新模式想法的转换作用下它几乎可以自然地改变。在心灵的中介中，每个新的模式几乎自身转变了整个设计，而没有任何特殊的影响。

设想竭力在一张摹写纸上用周围杂乱的字造句。

多么可怕的句子。说话的行为是对情境的本能和迅速的反应。它越自然、越直接和情境相关，也就越美。这种自发是由有组织秩序的英语的规则控制的，但这些规则的使用，以及整个句子的创造却只发生在你自己的直接和流动的心灵之中。

使用模式语言正是如此。模式是有纪律的；语言的秩序也是有纪律的。但如果你希望用直接体验的自发性和即时性结合它们给予你的纪律，你只可以以那种秩序使用这些模式。你不能够靠拼凑在摹写纸上做出设计。你只可以创造它，好像它是一个真实建筑的真实体验，而这只可以在你的心中来做。

一个建筑可以用生动的实际体验来产生。

在我已描述的住所中，当我用我心灵的眼睛来看，然后以第二十三章中所描述的方式使用模式语言时，我甚至没有用图纸来建造这一建筑——而只是简单地用桩勾勒出建筑。

当然，这个小的实验建筑与本章开头看到的住房之美、住房之简洁还相去甚远。

在我们能够做到那种程度之前，还要以这种方式做许多年的实验。

这个建筑太松弛，太不正式了，控制其细节形式的建造模式不够协调，不够有组织……

不过，这个建筑正是至少接近了这条路的一种精神的开端，一个正被触及的特质的暗示。

任何一个人可以以这种方式使用一种语言来设计一个建筑。

不管是谁来设计，像这样做的建筑将是平凡自然的，因为设计中的每一部分是由其在整体中的位置形成的。

它是一个原始的过程，早期的农夫不花时间"设计"其房屋。他主要思考把房屋建在哪，如何建，然后着手建造。语言的使用就像这样。速度是根本的。学习语言要花时间，可设计一个房子却要不了几个小时或几天。如果花得更长，你知道它便是棘手的，"被设计的"，不再是有机的了。

这正像英语。

当我说英语时，句子本身在我的心中就像我说这些句子一样快地形成。而模式语言也是如此。

当我心里放松并让语言自由地在那里产生建筑时，使建筑感觉好像在那已几千年的特质，使建筑感觉好像钢笔写字那样流出来的特质几乎自动地出现。

我还记得第一次我以这种方式使用模式语言的情景。我发现自己完全抓住了这一过程，激动得颤抖起来。一系列简单的陈述使我的心灵有可能通过它们流淌展现出来——而尽管出现的住房是由我来设计的，是从我的感受中诞生的；但是同时仿佛住房几乎也是由它自己，出于它自己的意志，通过我的思想而成为现实的。

它是一件令人担忧的事情，就如潜在水里一样。然而它又是令人振奋的——因为你不在控制它，你只是模式唤醒生活并自动使某种新东西诞生的中介。

第二十二章

建筑组团的形成

以同样的方式，几组人可以通过遵循一个共同的模式语言，当场构思出他们的大型公共建筑，就好像他们共有一个心灵。

我们从第二十一章中知道，一个人可以在现场简单地通过让一系列模式产生一个建筑而在其心中创造它。

现在我们更进一步看看，一组人在现场并有一个共同语言的情况下，如何运用同样的过程设计一个较大的建筑物。

人们常常说，一组人不能够创造一件艺术作品，或任何完整的东西，因为不同的人各执己见，因而使最终的作品成了不具特色的折中物。

共同语言的使用解决了这些问题。正如我们就要看到的，使用一个共同语言的一组人可以一起进行设计，正如一个人可以在其心中进行设计一样。

下面是一个诊所的例子。

这是一个位于加利福尼亚的精神病诊所，服务于50000人左右的农村人口。建筑面积25000ft²，位于现有医院中间的一块40000ft²的基地上。建筑是由一个包括诊所主任（赖安博士，一位精神病学家）、他的几个有着多年临床经验的职员和来自环境结构中心的我们两个人的小组设计的。

设计过程又是以一种模式语言开始的。

我们交给赖安博士一系列从印出的模式语言中选出

的、我们认为也许会有用的模式。

我们叫他选出他认为相关的那些模式，除去那些不相关的，并叫他加上看来被漏掉的特殊的模式或新的"想法"，自然包括那些诊所特有的特殊部分或"模式"。他加的新的模式在下面用星号标记出来了。

第一次讨论以后，我们有了一个由 40 个模式组成的语言：

建筑群体	楼层数
有遮挡的停车场	重叠交错的屋顶
主门道	带阁楼的坡屋顶
内部交通领域	拱廊
主要建筑	小路与标志物
步行街	行人密度
* 成人日间治疗	私密性层次
* 青少年日间治疗	中心公共区
* 儿童白天治疗	入口空间
* 门诊病人	明暗交织
* 住院病人	农家厨房
* 管理	灵活办公室空间
* 急诊	工作小组
各种入口	宾至如归
朝南的户外空间	半私密办公室
有天然采光的翼楼	两面采光
户外正空间	建筑物边缘
半隐蔽花园	有围合的户外小空间

外部空间的层次　　　　室内空间形状

有生气的庭院　　　　　室内净高变化

逐渐地，这个语言改变了。

随着更进一步的讨论，人们对于诊所所应包含的模式的想法改变了。他们判定，住院病人是不重要的。因为周围的医院会照顾过夜病人。接着得出了，门诊所需要一个职业疗法的单独的地方，而这将成为主要建筑。

赖安博士确定，应该有个**温室**作为这个主要建筑的部分：病人可以护理植物生长，这样就可以把他们转移到花园中，并使花园得到照顾。

接着**温室**的讨论使**半隐蔽花园**看来更加重要了，它们成了建筑构思的基本部分。

以后，当我们意识到**儿童之家**——一个在门诊所入口，双亲接受检查时可以把小孩留在那里的场所的重要性时，我们引入了**池塘与喷泉**，使孩子们可以玩耍和嬉水。

对于公共进餐存在着某种争论，最后大家同意把这个模式也包括进去，因为医生和病人经常一起进餐看来是非常重要的。只是每个人依次为其他人做饭不能包括进去，因为这显然是不实际的。

以模式为中介，我们讨论并确定了诊所生活的每个方面。

语言是人们提出不同的意见，确立一个作为整体的建筑和机构的共同图景的中介。

通常当人们试图限定一个机构时，他们将面临大量的困难——因为他们没有语言、没有中介，他们会忘掉他们的限定，他们没有逐渐建造起来的方法，没有逐渐确定不同意见的方法。

但是以模式语言作为基础，一组人逐渐开始把他们自己、他们的活动和他们的环境看作一件东西——一个整体。

最后，当每个人都同意模式语言时，我们准备开始设计。

在这一阶段，那些今后管理这个诊所的人有一个共同的看法，一个不只在意图及大的轮廓上共同，而且在其细节上也是共同的看法。作为一个集体，他们现在确切知道想要什么，诊所将如何工作。其中会有什么样的地方……总之，他们需要知道每件东西，以便着手设计。

然后，我们开始设计。

设计花了一周时间，星期一到星期五，我们出来到现场中，因为下雾，大家都穿着大衣，围绕着停放的汽车和障碍物走一整天，不时喝几杯咖啡，高兴时在周围手舞足蹈，当建筑具体化时，在地上用粉笔标记，用石头标记转角，人们奇怪我们雾天在地上会做些什么，整天都在周围走着，这么多天。

我们从**建筑群体**开始。

第一个模式。首先，在附近的健康中心，我们围坐在桌前。这个特殊的诊所将怎样反映建筑群体模式呢？模式要求建筑各部分组合应反映社会组团的组合，而且——如果组合是低密度的——各部分应实际被分开，由拱廊和通道连接。

首先，赖安博士说，我看到许许多多小诊所，每个是个别的和单人的，你看到多少，嗯？也许 30 个独立的诊所吧。

整个建筑群将有 24000ft^2。我指出，如果有 30 个诊所，平均每个有大约 800ft^2——也许 25ft×30ft——其中的一些甚至更小，这听起来就不正确。医生们进行了讨论，接着博士说，好吧，也许是 6 个或 8 个独立建筑，分组相连，但却可以识别和独立。

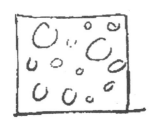

我们心中有了这一清晰想法，便来到室外现场。

接着，我们安置了建筑群体的主门道和主入口。

我们在室外进行所有接下来的模式。我们穿着大衣步入雾中，巡视周围。我想：假定有一个通向建筑群的主要入口，它在哪呢？请合上你们的双眼，想象你们在哪看到了它。

它沿着主要街道吗？它在转角处吗？赖安博士说：我看到它在去主要医院道路向后的车道半路上。接着我说：好吧，让我们准确地确定它的位置。模式要求从所有可能的进入路线都是方便和可见的。如果它在这个位置，那就有两条进入路线——一个从主要道路，向回走；另一个从医院停车场，如果你开车进去，把车停放在那，向前再步行到那条路。让我们到这两个地方，努力想象其最佳位置吧。

首先，我们6个人站在车道的尽端，向回看。我走到一半的地方说，想象我在入口——好了吗？我向前移了几步——现在如何？又移动……怎么样？他们说停止，向后走，向前一点——乃至达到了很大的一致——我用粉笔在最近和最远点做了记号，它们大约只相距10ft，总长度200ft。

然后，我们到了另一端——小型停车场，也做了同样的事情，我也用粉笔做了标记，表明当一个人驾车进来时，入口感觉最好的地方。两组粉笔标记相隔10ft，

THE WAY
道

比入口本身的尺寸小。

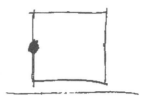

　　现在主要入口的位置确定了。我解释说，我们现在就标记它，从现在起它将是设计的给定点——就以后设计成的东西来说我们不再想移动入口了——只让设计从这一决定中成长起来。有点害怕——如果设计不出来怎么办？

　　主要入口确定了，我们开始划定内部交通领域。

　　我解释，这种模式要求单一的、简单的步行区，从主要入口直接伸展出去，进一步从这一主要路线分成一系列个别的步行区。

　　我们站在主要入口，想知道这会是如何？

　　在基地的尽头，对着主要入口，是 4 棵大树，于是使主要步行路伸向那些树木看起来就很自然了。几个小建筑分开了这条步行路，几条朝左，几条朝右，很容易想象一系列更小的路，多多少少和主要步行路垂直伸展出去。

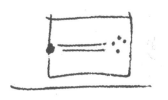

在交通域中，我们安置**主要建筑**。

这个模式要求一个主要建筑在任何建筑组团中作为一个中心或焦点：并要求这个建筑有条路与它正切，且看得到内部，以便在建筑群周围活动的每个人所有时间都同它相连。

我们花了一些时间，讨论门诊所哪一部分作为主要建筑有最自然的功能。最后，我们同意所谓的职业治疗建筑——病人在这里做各种创造性工作——将作为最好的"中心"，并决定做一个屋顶特别高、处于中间的大建筑。

接着，在主要建筑外，一个活动中心。

如果在建筑群体中，有一个活动中心，那么把它放置在主要"街"和两个宽"街"所交的一个地方——几个重要建筑在它周围相连的地方显然是很自然的。我们决定发展这个中心，在那设个喷泉，并从主要建筑、管理大楼和有儿童活动的儿童治疗区开门朝向这个中心。

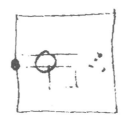

在交通域中关键点的活动中心周围，我们安置了**接待、管理、门诊病人、成人白天治疗、青少年白天治疗、儿童白天治疗**。

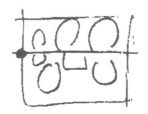

现在我们在基地上安置了各种不同的建筑。

赖安博士对于这些建筑的位置已经有了清晰的认识。他指给我们他感觉到它们应放置的地方，我们巡视着基地，进行了讨论。

一个问题出现了。要有两个门诊部——赖安博士把它们放在右边，正在入口的后面，因为在他看来这是使用最多的建筑最自然的地方。

因为要有两个部，每一个要有其可识别的地方，我们考虑了循环领域，我们都站在活动中心并自问，它们应被如何安置，以便它们会很清楚地不同——以便一个病人会知道哪一个是"他的"目的地。

一些医生站着，闭着眼睛，建议是否设个院子，两个部分别在院左院右，是清楚简明的。

接着，在靠近主要入口的一个特殊地方共同进餐。

赖安博士同意共同进餐是任何人类集团的最基本特征之一。我们讨论了这里可以出现，并可以帮助病人情绪更稳定的几种方式。

他和诊所主要负责人最后确认，很有必要安置个咖啡馆，在左边的第一个花园中，紧连着图书馆和管理设施，并可以从设计中主要交叉道路的活动中心或喷泉看到。

现在，单个建筑区中，我们做了**朝南的户外空间、有天然采光的翼楼、外正空间。**

现在到了过程的最艰难的部分。在这个阶段，我们有了各种建筑在哪的某种粗略的想法，以及建筑之间主要路线和运动的某种粗略想法。现在到了建筑的实际位置、外部形状不得不确定的时候了。这总是在设计大建筑组团时最困难的时刻之一。它是紧张的，而且是相当伤脑筋的。一旦这个完成以后，关于设计出来的东西就有一个图解的特质，这几个巡视的人问他们自己是否有设计出建筑的任何实际的具体的方式，给予他们可感知的形状，也给予他们空间。

一到这时，每个人就变得相当紧张。的确，在这个特殊情形中，是特别困难的。我们花了一个下午，还不能确切知道如何安排这些建筑，大家带着问题回家睡觉。次晨，终于找出了看来很简单而可行的方式。

开始我想，建筑之间的每个花园需要向南做成环形，这使看起来对称的左边和右边成了不对称的。

这是由这样的事实完成的，所有这些花园或院子需要和主要步行路相连——以便从路上看过去时视野中有花、有格架，吸引人们进入后面的空间。

最后我们意识到，连接主要路线和面南的双重影响，同建筑在任何点不太宽以便所有房间有自然采光相结合，使我们做了一系列粗略的 T 形建筑，放到朝南院子的北部。这时，第一次，当我们有了建筑空间和外部空间的设计时，我们最后知道我们有了一组能够建造的建筑了。

毫无疑义，在任何阶段，这些模式将使一些东西可以建造。但值得记下这样的事实：对于没有看到行为过程的那些人，非常值得注意，在至此形成的建筑的松弛以及稍不规则的排列中，问题将自我解决。

　　这是当人们让他们的语言为其产生建筑时，必然会陷入的畏惧的典型例子。它只是因为每个人将允许东西长久地保持流动的自信。

　　当然，非常早就可能做出某种建筑和外部空间的正式安排——某种正式的几何安排。一个正式的安排将保证会有某种安置建筑的适宜的方式。

　　但这将扼杀建筑的精神。

　　它将扼杀一致和不一致的精妙的、不连贯的平衡，这种平衡来自每个建筑依据其在整体中的位置而成为独特的事实。

　　在单个建筑中，并在交通域的恰当地方，我们安置各种入口。

　　最后，为使这些建筑一致，不仅要考虑空间和体积，而且要考虑人们的进入，我们考虑了一系列入口，这个模式要求所有不同建筑都有相像的某种流行式样的入口作为一组，从也是一种入口的主要步行路清晰可见，以便一个人一眼就见到这些步行路跨越可能入口的全部范围的方式。

我们在用粉笔标记和石头具体设计出来的场地上来回巡视着，并自问从不同角度我们愿意看到什么，我们愿意看到什么入口。我谈了**各种入口**的模式，然后请每一个人合上眼睛，站在场地的不同地方想象。现在，一系列入口模式像你可以想象的一样完美地解决了——它是理想的，当你想象这种模式在那时，它可以是最美的形式。

一个人建议"整个有门廊"，每个有坐位，人们可以在室外等待叫号，上两三步台阶。美妙的木柱——每一个从相应的建筑向前突出。

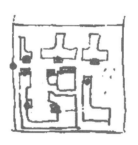

在这个阶段，建筑组群的基本设计作为组群完成了。

诊所作为一个整体的设计完成了。现在该深入单体建筑、单个花园的细节了。

为此，我们叫医生自己重新分成小组，一一对应于每幢建筑——以便单体建筑可以由最了解那里情况的人设计。

现在诊所不同方面的专家设计出了每个建筑的细节。

医生最关心儿童治疗和成年治疗的建筑；社会工作者最关心为门诊病人设计的门诊病区；诊所管理人员设计管理楼。

诊所主任本人设计大的中心建筑的细节。

他把儿童治疗区放在一端，正在入口内，以便看得见玩耍的儿童，儿童来到这将感觉到舒适悠闲（按**儿童治疗**所说的）。他在主要社交厅的一端设置了大的暖房，病人可以学着照顾植物，最终可以照管诊所花园中的所有植物（**职业疗法**）。他在主要大厅内做了凹室，小团体可以在那里谈话（**居室凹间**）。外面有一个拱廊，沿着主要街道，创造了既非全私密又非全公共的交际空间（正如**拱廊**所指导的）。

建筑的每一部分通过类似第二十一章中描写的过程被具体地设计了出来。

影响设计的模式包括：**短过道**，解释了建筑中多长的廊子使人感觉乏味；**宾至如归**，病人的建筑不应有一个正式的接待台，而应有舒适的椅子、壁炉和咖啡，人们可以有宾至如归感觉的自然的布置；**农家厨房**，最和住宅相关的一个模式，表明了有大桌子的厨房是公共讨论最舒服的地方——这个模式用于三种日间治疗项目；**灵活的办公室空间**需要大量的小工作室和凹室，代替现代办公建筑连续开敞工作间的类型；**居室凹间**也是在住宅中最经常使用的，显示了低天花凹室比大房间的边缘低多少会给人们以单独或两人坐的、不完全离开大房间而保持清静的机会。

　　而后，我们看到了一组人是如何设计一个组合建筑的。

　　一旦他们语言一致，形式的实际出现就是简单和流动的。当一组人打算一起做某事，他们通常会失败，因为他们的假定在每一阶段都是不同的；但用一种语言，假定从一开始几乎就完全是明确的。

　　当然，他们不再像个人那样有单个心灵作为中介了，一组人使用"他们面前出现在那的"场地作为设计具体化的中介。当建筑具体化时，人们巡视着，挥动着臂膀，逐渐建立起了一个建筑的共同的图景——而所有这一切，不需要作任何一张图。

　　正因为这一原因，场地对一组人来说更加重要。

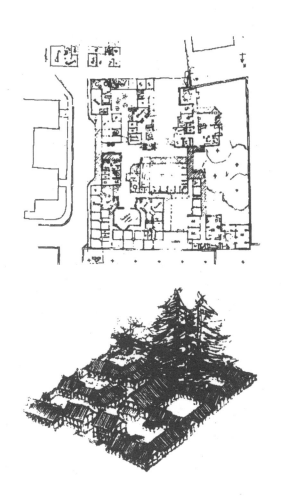

　　场地向人们表明，建筑形成自身——而且人们把建筑作为某种接受的东西而不是创造的东西来体验。

　　他们能够就在他们的眼前想象建筑，好像它已存在于那里。

　　"普通"人不能够想象一个建筑的想法是完全错误的。

　　建筑在他们的眼前成长起来，变得富有生气。

地上的几个木棍或石头或粉笔的标记足以把想象带给心灵。

于是，建筑就可以直接从这些标记上立起来。

当然，这个建筑，像第二十一章中的实验建筑一样，比起这章开始的照片中的建筑还要肤浅。

它有一个很美的设计，但其建造的细节还远远落后。实际上，在建造中它被完全损坏了。

由于我们不能控制的原因，这个特殊的建筑，一经设计出就按一般的过程"深入了"，它被由那些不曾设计它的远离现场的人拿到了绘图板上，给出了与其设计相当不适宜的机械的绘出来的细节……直到最终成了和我们时代许多一般的建筑并无二致为止。

总之，它几乎被破坏了，因为它不是以正确的方式建造的。开始我犹豫，我不知是否该写出这个来或是否包括这张图片，因为它太令人伤心、太令人沮丧了。可接着我意识到了包括它是多么重要，因为许多人会以我描述的方式设计建筑，然后试图靠图纸来建造它。

如果建筑以上面设计的同样的方式——通过一个有序的语言的过程，一个慢慢地产生了建筑的过程，一个在其中建筑于实际建造中得到了其最终形式：细节进一步作为模式，从创造它们的过程中，从建筑站立的地方得到了其实质的过程来建造的话，建筑的生活、实质、

精妙就可以保持。

总之，由一种模式语言过程设计出的，并因它而唤醒生活的建筑，当它被建造时，肯定会再次死亡，除非建造的过程相同——除非那种产生正合适的房间，正合适的入口，光线正从合适方向射进来等同一精神被贯彻到细部，也形成了柱子和梁、窗架、门、穿拱、色彩和装饰。

在下一章中，我们将看到这样的建造过程是如何进行的。

甚至这个诊所虽然建造中很粗糙，也已触及了设计者的心灵。

在更前面的一些章里，我在理论上描述了语言的能动使用对于一个人何以如此重要。因为它是他能使其图景完整和实际的唯一过程——他的感觉得以倾注于语言能动具体的显示之中：他感觉到了作为整体的他的世界，这个世界来自他，而后实际围绕着他。

在诊所的情形中，我们事实上观察了这一过程。

诊所建成以后赖安博士告诉我们，他同我们一起设计建筑度过的一周是他五年中最重要的一周——他感觉到最有活力的一周。

现在，几年以后，看到这实现的建筑——尽管他已经搬迁了——他就记起那一周，站在雾中，当我们设计时，用粉笔在地上做标记，谈论入口的地方，暖房的位置，人们坐的位置，喷泉，小花园，房间，拱廊的位置——他把这一周作为他五年工作生活的最好的一周铭记于心。

人们单靠走出来、挥动手臂、一起想，并在地上放置桩来产生一个富有生气的建筑的简单的过程，总会深深地触动他们。

那是以共同语言为中介，人们产生一起生活的共同意象，并体验这种共同的创造过程所产生的一致的时刻。

第二十三章

建造的过程

      一旦建筑像这样被构想出，它们就可以直接地从一些在地上做的简单的记号中产生出来——仍是在共同的语言之中，但却是直接的，不需要施工图。

THE WAY

道

假定现在，你根据前两章描述的过程，做出了一个建筑的设计。正像我们已经看到的，它非常容易地就做成了。

现在我们开始建筑的实际建造。

像以往一样，过程还是有序的。只是现在的模式不控制意象，而是当建筑被建造时，控制建筑本身。每一模式限定了建筑生长时帮助分化、帮助完成建筑的一个操作。

当最后的模式引进生长的结构中时，建筑便完成了。

模式又是操纵整体：它们不是可以被加在一起的部分——而是那些对以前模式施加影响以便做出更多细节、更多结构和更多实体的关系——于是，在建筑实体成长的每个阶段，实体总是作为一个整体逐渐汇合的。

开始先假定，我们已使用模式语言设计了一个建筑空间的粗略方案。

并假定我们在纸上用粗略的铅笔草图，或在地上用木桩或棍和石头勾画了这一粗略的方案。

为了使建筑富有生气，其建造细节必须是独特的，并像更大部分一样细致地适应它们个别的情形。

这意味着，像更大的部分一样，细部必须依据它们在更大整体中的位置非常细致地形成。尽管相似的部分会有相似的形状，但没有哪两个是完全相同的。

比如，看看这些图，依据你开始建造的房间，柱子的准确间隔、墙板的准确尺寸，在每种情形中都不同。

房间富有生气，因为柱子间距的细节适应了整体。房间中任何一种不规则都可以轻易地被建造过程所调节。这一过程控制的建筑细部的准确尺寸和间隔，自然适应了房间的特性。

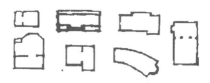

当建筑的细节由模板来做时，它们不能做得有生气。

例如，假定，建筑系统包含一个4ft格网的模板，它同其他4ft格网模板相接。那么我描绘的许多房子没有一个能够被准确地用4ft模板建造起来的。

用4ft模板建造这些房间，每个房间将不得不做成完整的方形，16ft×16ft。

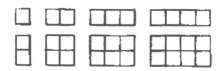

模板限制了房间的几何形状。

如果建造者想用4ft的模板建造，他必须改变房间的尺寸，改变其形状以适应其模板。

在这样一个建筑系统中，一个人不可能创造一个反映场地更精妙变化的平面来。每个平面总会被切下或变形以适应建造细节。

那种许许多多房间都可以大致为 15ft×16ft，但却没有哪两个相像的美妙的变化被破坏了，取而代之的是那种完全相同的许许多多房间的无穷的重复。

同样，当建造的细节被画在图板上的时候，它们不可能有生气。

当一个建筑的细节以施工图的形式具体化时，它们就不可能是有生气的，因为这些图为了简明的缘故，总是假定给出部分的各种表现形式都是相同的。

画施工图的人不能够有区别地画出每个窗子或每块砖，因为他不知道所需要的微妙区别的基础。只有实际建造过程已经在进行的时候，这些才能清楚。于是他把它们画成相同的，因为他在图板上没有理由使它们不同。但如果建造者根据细致的施工图来建造，并受到使建筑和图准确相同的合同之约束，那么他就会按照施工图使细节相同——在实际建筑中，这就成为僵死和虚假的了。

为了使建筑有活力，其模式必须在现场产生，以便每一模式根据其关联产生自己的形状。

例如，考虑像转角处的柱子或最后柱子分布这样给

THE WAY
道

出了合适的柱间隔，以便柱子以最有效的方式来加固墙体的模式。

为正确地产生这些模式，建造者在四角安放柱子做一个房间，然后沿着每片墙放置外柱，在相同的空间，使柱距为 4 ～ 6ft，根据墙的长度，沿着每个墙，在柱上放梁。

这一过程是一模式的能动的表现。每次使用这一过程将根据房间的平面产生稍微不同的形状。每个房间将在其中具有体现同一模式的柱梁构架。而没有两个房间会有准确相同的板的尺寸。

因此，最根本的是，建造者只用粗略的图来建造，并根据模式语言在其心中给出的过程，用这粗略的图来完成详细的模式。

这在自然中是很平常的。蜘蛛织网时，过程是标准化了的。但是创造的部分都不同。每张网都是美妙独特、完全适应其情境的。而且是由一个标准过程创造的：而且就存在这一个过程。它是非常简单的。而这个简单的过程以无穷的变化方式同不同的情境相互作用产生了不同的特殊的网。

我现在将描述的建造过程就是如此。单个过程标准化了，而且非常简单。但产生的实际部分却是无穷变化的——它们是过程限定的模式的无穷变化的表现形式。

制作穹顶的过程是标准的——但它产生的个别的穹顶却各具特色。

编织篮顶，安置木条，用布盖上，以松脂制品将布硬化，用轻质混凝土遮盖上松脂布等，这些过程是标准的，但这一过程产生的实际的东西依据具体的情形，每次都有区别。

制作柱子的过程是标准的——但它产生的个别柱子却各具特色。

将木板钉牢，就位，钉在梁上，灌上混凝土——这些是标准的作法。但以这种方式做出的每个柱子都有区别——它是由不同的人制作的，并且反映了这一事实。也许这个柱子被加以雕饰，那个柱子却以独特的方式着了色——每一个在不同的位置同其环境有着不同的联系，因而也就各不相同。

为了具体说明，我现在将给出在这种状态产生这种建筑的建造过程的顺序。

当然，这些过程的顺序只是一个例子：它依赖于材料的特殊结合，但是某种以同样增长的限界、粗略开始、并随着建筑逐渐完成变得更细的相像的顺序是必不可少的。

首先，用桩标出第一层房间和空间的转角。

为确信这些桩是正确的，使用大桩、竹子或旧木常常是有所助益的，这样人们可以想象出房间的确定形式和尺寸，它们互相的关系及其同周围外部空间的关系。

在存在靠近建筑的室外空间的任何地方——露台、小路、入口、阳台、拱廊、格架、花园墙……也用木桩标记出来，以便你能够一起感觉室内和室外。

你将修改建筑，就像你现在已感受到它一样，这是非常可能的，几乎是肯定的。桩子是很强烈的，你几乎肯定开始看到所有各种你以前不会想象到的，而现在桩子和房间正在地面上实际显现出来的微妙之处。

更改桩子的位置，向这儿一英尺，向那儿一英尺，直到它们完全和你可以想象的相一致，而且直到房间的设计看来恰到好处为止。

竖起角柱，尽可能近地在给定的角柱框架内安放等距的、用来加固的柱子。

对于不同高度、不同层的建筑，这些中柱也依据建筑的高度需要不同的间隔，因为传下来的力不同。但在任何一层，它们的间隔将大致地相同。不同的房间有不同长度的墙。由于它们不是模数，中柱间隔就是松弛和自然的了，这将随角柱的准确间隔而变。

用圈梁把柱子连在一起。

这些梁随后形成每个房间的上边。它们使非常清晰地想象房间的空间成为可能，使安置窗架和门架成为可能。而最重要的是，它们形成每个房间周边的应力环，形成了单个穹顶隆起的基础。

沿着凹间的梁最低，普通的房间稍高，大公共房间周围最高。

这就开始了产生**室内净高变化的**过程。凹室可以有 5~5.5ft 低的梁，普通的房间 6~6.5ft，大的房间也许 7ft、8ft 或 9ft。

在每种情形，穹顶的凸部将在圈梁高度上加 1ft 或 2ft，甚至更多，加的程度视拱的跨度而定。

放进窗架和门架。

依靠你在心中构思出的建筑，你已有了哪里放门和窗子的某种想法。

但现在，房间的架子做起来了，你可以确切看到哪里应该敞开了。通过用零碎粗木将其模拟出，你可以修正它们，调整它们，直到创造了完全的内外关系，给出了合适的景致，合适地方的合适的光线，恰当的窗台高度，恰当的门高，大开口变为更小开口的恰当的分割。

现在编织将形成穹顶上面每个房间基础的篮顶。

每个房间，无论其形状如何，可以用一个简单的穹顶加盖，用易弯的薄木条弯成，各自1ft间隔，这个篮顶可以适合所有房间的小的不规则变化，如果需要的话，甚至可以绕着转角。

形成穹顶的凹部。给予每一房间所需要的天花板高度就可以形成凹部。因为结构的缘故，穹顶需要大致1/6跨度的高度。但这1/6是相当可以变化的，而且你现在可以调整穹顶的确切曲线，以使房间感觉正好像你将在那做的那样。

安置柱间墙和窗架。

这些墙可以以任何简单的薄片材料：面砖、木板条、轻薄板和木板来做、来砌、来放置，以充满柱子和窗架之间的空隙。

做出楼梯的半穹顶，以便每个楼梯在所处架间中以合适的角度升起。

楼梯可以构思放在穹顶上。踏步将放进去，在顶上或双顶上或一系列拱顶上。这些拱顶现在给出了楼梯的位置。

把混凝土抹到篮顶上，充满壁层使其牢固。

在篮顶已被铺以纯布并被硬化之后，多半使用轻的填充物或超轻混凝土在其上抹上 1in。其后同样地把墙和柱子填充成一个连续的实体，以便建筑成为三度刚硬的。

现在以和第一层相同的过程开始第二层。

在做好的柱子之间放置柱子，这些柱子的底部放在穹顶上，穹顶将以填充料充满，形成楼层。

填充楼面，使其水平。

作出建筑外面的形式板，以保持楼面水平，灌注上面的穹顶：用空的罐子、瓶子、任何将在混凝土中形成粗略的球泡而不减小强度却减少其自重的东西填充空间。

就如你做第一层一样，完成第二层，然后做第三层，如果有的话。

做出建筑周围的露台、坐椅和阳台。

把它们作为建筑的一部分，同时也作为土地的一部分处理。

将赤陶面砖简单地放在地上，让小的植物生长其间。

泥里放置面砖，尽可能使泥湿透，以便能紧紧夹住面砖并防止以后移动的可能，并让植物生长其间。

当你把面砖放入泥中时，在它们之间植一些开花的小植物，以便几个月后，开出黄花、紫花来……

尽可能经济地建筑个别的门窗，每一个正好依构架形成并划分。

因为那个你在设计窗架与门架中所遵循的过程，现在所有建筑中开洞的尺寸都有所不同。

这是根本的，它意味着你不能使用标准的窗。现在钉上简单的门和窗子。它们可以用简单的板来制作，正好钉在一起，用小条形成窗子条板的划分，减少窗子玻璃。

在门周和其他你想要强调或想要华丽的位置上雕出装饰。

你简单地在形成外墙的板上雕出卷形、直线形、心形和圆点。以后，当建筑几乎完成时，你可以把这些卷形涂上灰泥。

把墙涂白，使柱子可以被看到。

构成穹顶且在每个房间拱下尚可见的篮顶基缝片之间涂上灰泥。

在你雕的装饰上涂上灰泥。

在那些你为装饰画出洞眼的板上涂上灰泥。

木上涂油，楼面打蜡。

最后，完成的建筑将有一个重复千百次，但它们出现的每次都各不同的相同模式的节奏。

不仅有粗略相同的桩子、柱间、窗子、入口、屋顶窗、屋顶和露台。这些是重复的较大的模式。而且也有线脚、面砖、滴水槽、天沟、板条、砖、边侧、门梁、装饰、小板条、小方形、小角石、柱帽、柱座、柱上的环、支柱、支柱细部、钉头、柄、垫片，它们就在自己所应在并且可见的地方稀疏地被安置，以便建筑由这些最小的结构完成，由它们的几乎有规则的不规则的节奏形成。

前两页的照片显示了像这样建造的一个建筑的例子。

这个图片是一个模型的照片。建筑是四层公寓，27户，其中的每一家成员使用共同的模式语言设计他们自己的公寓，而后建筑就要使用我描述的柱、梁和穹顶的系统一层一层地建造。

尽管模型非常粗略，但已经可能看出，严格的建造过程的纪律同非正式平面的互相作用来产生一个比第二十一章、第二十二章描述的实际建筑更接近无名特质的建筑的方式了。

像这样建造的一个建筑总会比机器建造的建筑更流动、更松弛。

它的门和柱子、窗子、壁架、墙板、天花、露台和栏杆作为更大整体的部分被准确地形成：它们能完整地和更大的整体相适应。而因为它们能完整地和它相适应，所以它们比起工厂材料所做的建筑的光滑平整的特质更粗一些。

但是，建筑之美在于它是完整的这一事实。

这就是基本的东西。每个过程（由模式给出的）都具有以前过程产生的并自然适应这些过程的结构。不管柱子在哪儿，编织一个拱顶的过程都可以依据柱子位置形成拱顶；不管窗子在哪儿，制作窗子的过程都可以依据窗架的形状和尺寸形成窗子及其窗格。

而正是这些使这一建筑成为完整的。

这一建筑，像传统社会的无数建筑一样，有一种铅笔速写的简单性。在几分钟内，速写抓住了整体——奔马、弯身的妇人的实质和感受——因为其部分在整体的节奏中是自由的。

现在的这个建筑也正是如此，它有一定的粗略性。但它充满了感受，并形成了一个整体。

第二十四章

修整的过程

接着，一些建造的行为，每一个用来修整和扩大以前行为的成果，将缓慢地产生一个比任何单个行为所能产生的更大、更复杂的整体。

现在我们知道了，建造的单一行为是怎样进行的。我们知道了，任何一个人可以为自己设计建筑，任何一组人也同样可以为自己设计建筑。而且我们知道了，建造者是怎样用木桩在地上做标记来完成一个将会产生统一有机整体的建造过程的。

现在我们将看到，一些连续的建造行为将如何通过确保每一行为改善以前行为的秩序，逐渐地产生一个甚至更连贯、更复杂的整体的。

理论上，根据第十八章，建造的每个行为，就大的关联而言都是一个修整的行为，都是一些行为一起产生形成建筑群或城市的更大整体的更大过程的一部分。

但至今我们还没有机会看清楚这一点——因为从第十九章到第二十三章，我们一直把注意力放在完成某种新东西的单个创造行为上。

现在我们将改变焦点，注意在更大整体之中作为修整行为的每一行为。

没有哪个建筑是永远完美的。

每一建筑初建时，都是一个保持自身完整形态的尝试。

但我们的预言总是错误的。人们使用建筑的方式不同于他们原来设想的方式。建筑物越大，也就越明显。

设计的过程，在心灵的眼睛中或在基地上，是企图事先模拟将要在实在建筑物中出现的感受和事件，创造一个和这些事件相应的形态。

但是预言毕竟是推测，发生在那里的真正事件至少总有些不同。建筑越大，预言的不准确性也就越大。

因此，有必要根据实际发生在那里的真实事件随时改变建筑。

建筑组团、邻里或城市越大，那么对于它，经过成千上万的行为，自我修正的行为，每一行为改变和修整其他许多行为，从而逐渐被建造起来，就越必要。

假定，你住房的某个角落不像你所喜欢的那样富有生气。

例如，假定我们注意到住宅，发现花园不能起**半隐蔽花园**的作用，因为尽管它在住宅的一边，但在花园和街道之间没有足够的防护。它需要墙什么的。

接着，假定再进一步，而且心中记着需要做补加花园和街道之间屏障的工作，我从**私家的沿街露台**的观点检查了花园，发现花园忽略了这点。假定我决定，我需要在住宅一侧建造一个小的砖平台，与花园相连，以弥补这个漏洞。

现在，如果我已经决定，需要建造某种墙来保护过于开敞的花园，那么很自然，我将尝试以某种方式把这一被忽略的平台和被忽略的墙联系起来。

总之，当我有机会开始修整花园，我就可以以同一建造行为修整这两个有缺陷的模式。我做的修整不只是"修整"，而是在第一次设计的裂缝之间综合自身的新的设计。

或者假定你已建造了一个小实验楼。

它有一个厨房、一个图书室、四个实验室和主要入口。你想再加上第五个实验室，因为需要更多的空间。

不要立刻寻找最好的位置。首先，查看现有建筑，看看哪儿有毛病。有一条堆集着锡罐的小路；一棵很美却似乎无人利用的树。四个实验室之一总是空着，而它没有任何明显的问题，但不知为何没有人去那里。主要入口没有舒服坐下来的地方。建筑一角之外的土被侵蚀了。

现在，查看所有这些有问题的东西，并以一种既照顾到所有这些问题，同时也做第五实验室本身须做之事的方式建造第五实验室。

如此建造，你会看到建筑各部分将是多么丰富多彩！

第五实验室将是独特的，不像任何其他实验室。但不是因为你努力使之微妙或精美或典雅。它以极为明显的方式出现，正因为你在努力讲求实际。你能想象得出做一个 20ft×20ft 的小实验楼来马上弥补所有这些问题是多么的艰难吗？

它不是不可能的,但为做到它,你必须在这里压缩它,在那里扩大它,在这儿给它一个特殊的窗子使树有用些,把路绕过来,使堆锡罐的路更少荒芜,在这个位置上给它一个门,帮助创造一个入口处令人愉快的、人们可以在那里等候的角落。

于是,这个小小的附加部分的丰富和独特以最简单、最实际的方式达到了。它之所以自然地出现,正是因为你注意了原有建筑的缺陷,并着力修整它们的缘故。

每一建造行为分化了一部分空间,紧接着就需要更进一步的建造行为,进一步分化空间,使之更趋完整。

这在自然中是很一般的。实际上,正是这一点导致自然的各部分成为完整的。

试看树叶。初看起来,好像叶子是稳定的,叶子之间的空气仅仅是空间。但叶子之间的空气像叶子本身一样是自然的一部分,它是由其上起作用的诸多影响所给定的。

每片叶子的形状取决于强度的需要、叶身的生长和叶液的流动。但两片叶子之间的空气也同样一定地被赋予形状。如果叶子过密,叶间的空气就不能作为叶子需要阳光的通道,也就可能没有足够的微风使叶子透气。如果叶子过于稀疏,枝干上叶子的分布就是低效能的,树会得不到充足的阳光供给。你看到的每个部分不只本身完整,而且也是更大整体的局部。每个局部包于整体之中，而每个局部又构成整体。

这是自然作用方式的精华：所有这一切都是由不断的分化过程产生的，每一过程在整体中帮着填充缝隙、修补缝隙。

当建筑被第一次建造，局部之间常常留有未成为整体的缝隙。

在我们今天的这个世界里，几乎建筑或城市的一半场所是你所指的场所与场所之间的"间"。

两个房子之间狭窄昏暗的空间，无人能达到的厨房的角落，火车轨道与紧邻的工厂之间的面积——这些确实是被忘却而遗留下来的场所的明显的例子。

而且还有更显著的例子，那里的空间实际上是有意被闲置了。

想想有汽车停放的街道，停车场，长走廊，等候室，前门与街之间的小径，汽车间，楼梯下小间，浴室，住房的无窗前厅。所有这些场所都是以这样错误的概念产生的，在生活时刻的间隙，你只是被忘却在那儿——好像它们是你实际意指的有生气的少数几个场所之间的小站。

但这些裂缝必须修整，并且必须做得像它们边上各部分一样完整。

在完整的城市和建筑中，没有像这样的场所，在真正度过的生活中，也没有像这样的时刻。

在真正度过的生活中，没有"间隙"或"生活之外"的时刻——每一时刻都得以充分地度过。禅师云："吾吃时，吾吃；吾喝时，吾喝；吾走时，吾走。"有生气的建筑或城市具有同样的特质。

在那些生活得以充分度过的有生气的建筑或城市中，生活时刻之间没有像小站的场所。每个场所都是以生活可以被充分体验的方式做成。它的每平方英寸都有某种有价值的目的，并能维持一个人真正度过的生活中的某些时刻。因此，它的每个局部都是整体，两个整体之间的每一场所也同样是整体。

慢慢地，随着"修整过程"修整整体之间的缝隙，在每一层次上，结构都成了完整的整体。

这远远超越了通常的修整概念。

在修整这个词的一般用法中，我们意指，当我们修整一些东西时，我们根本上在试图把它带回到原初状态。这种修整是弥补性的、保守的、静态的。

而修整这个词的新用法，我们则意指每个整体都是不断变化的，每一时刻，我们是在使用存在状态的缺陷作为新状态界限的出发点。

在这种新的意义上，当我们修整某一东西时，我们指的是我们在转换它，新的整体将诞生。诚然，正在修整的全部整体在修整之后将成为另一个整体。

在这种意义上，修整的概念是创造性的、动态的、开放的。

它假定，通过注意既有整体的缺陷并努力修整它们，我们是在不断地被导向新整体的创造的。每个行为帮助修整某个更大、更久的整体，这也还是对的，但修整不只是修补它——也是修改它、转变它，把它置于成为其他全新的某种东西的途径之上。

在这种框架中，我们对于一系列建造行为产生一个整体的过程有了全新的看法。

广义而言，出现的情形是，在任何环境的生活中，每一阶段都有一个特定于那个生活时刻的整体：每个新的建造行为，假如它是着眼于使整体更为完整、更有生气的话，将转变那个整体，逐渐地诞生新整体。

那么，在这种意义上，修整的概念既解释了我们如何弥补过去的缺陷，也解释了如何可能创造和重新创造世界，以便许多建造行为的合作在其每一历史时期按顺序也创造完整、生动的整体——这一整体在修整过程中，总是被一个再次在下个修整阶段重新修整的更新的整体所代替。

为了清楚起见，让我们想象在某个地方有一个随时间增长的建筑群体。

一步一步，建造的每个行为，促使整体生长，也帮助修整或治愈已经在那儿的东西。

特别让我们想象一组随时间增长的住宅。

每个住房从一个小的起点——仅仅是一个一端有个放床的凹室，一端有个厨台的家庭厨房开始。

一开始的总面积不过是 300 ～ 500ft^2。

接下来的几年，每年增加 100 ～ 200ft^2。

开始多半是卧室，再增加一个卧室，工作间，一个花园露台，一个完整浴室，拱廊和外廊，工作室，带有壁炉的较大的起居室，花园凉棚。

同时，也建造了共同的东西。他们种植了行道树，建造了凉亭，公共半封闭空间，铺设了路面，建造了封闭的车库，公共车间，小喷泉或游泳的水湾……

当建筑达到成熟状态时，增长物变得小些了。

长椅、坐墙、入口门槛、露台楼梯上的栏杆、通向屋顶的楼梯、鱼池、凸窗、外加的大门、蔬菜地、壁架和生长的树干周围的花园坐位。

而且与此同时，所有住宅开始共同产生限定组团的更大的模式。

每个人开始和邻居一起工作，首先是一边的邻居，接着是另一边的邻居，他们一起尝试使住宅间的空间美化，当然，他们是从排除窗与窗之间显而易见的矛盾，或从排除一宅有碍邻宅花园获得阳光的情况开始的，但他们也根据详细模式设计细部。例如一组人决定根据模式**树荫空间、室外坐椅和户外亭榭**把他们的入口开向一个小的公共花园，有棵树，有个室外的坐位朝向太阳，人们可以望到户外附近的空间。

例如，小路形状要求小路应该是一个几乎像户内的场合，部分围闭，有个中心，以便人们可以舒服地待在那儿，不只是一走而过。住户使用这个模式使小路在他们的屋外形成得更好些，而且路旁有坐位。这个模式甚至影响到房和路之间界墙的确切形状。

而**私家的沿街露台**要求每个住宅必须有个私人平台，靠近起居室，但布置得要能看到街上的公共空间，可以和外面的人招手问好，而住宅的私密性又不受干扰。

每个住宅有一个平台，平台使小路生动的办法也由组团各端部的人们讨论和修改。

慢慢地，每个层次，整体的安排变得非常严密，以致整体之间没有缝隙了：各个局部，两个局部之间的各个部分都是整体的了。

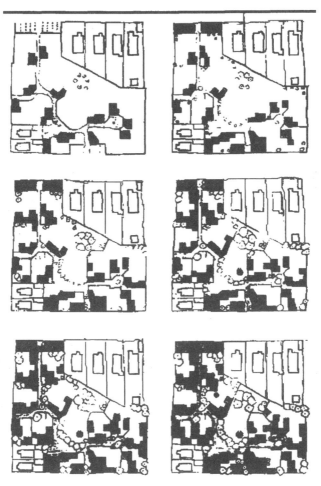

▲ 十二个住宅的缓慢成长

在基地内住宅周围的花园是明确的，住宅和花园之间的边界又是明确的；墙的厚度是明确的，形成露台和花园之间围闭的墙是明确的；一个坐位是明确的；而内墙（架子、壁龛等）也是场所。在住宅房屋中，当然每个房间是一个场所，但为使其成为场所，每个房间两边都应有窗子——结果房间平面呈不规整的形状——房间之间的每个地方又是一个场所。在建造层次上，我们发现同样的情形。每个房间各角由柱子标记。每个柱子又是清楚可见的东西，独立的柱子周围又有若干东西；每个柱子本身则是以它连接其他整体的那些东西又再是一些整体，即由柱顶和柱基拼成的。

于是，若干住宅既作为一组，又分别作为个体，从一些个别的小行为的逐渐成长中，得到了它们的形态。

放置长椅以形成露台。外加的卧室有助于花园避开邻居视线。铺筑路的方式限定了入口转换，形成了一条防雨水侵蚀的边沿。增加的住房帮着形成住房外的公共场地。行道树帮着形成公共场地中的公园。汽车库不仅遮盖汽车，也帮助形成进入组团的入口。

每个小的行为不仅帮着增加空间，而且也有助于产生那里所需要的更大的模式。

而最后，住宅组团的共同特征，没有控制地、简单地从这些行为的积聚中显现出来——因为每一建造行为是作为某种不仅有利于自身，而且也有义务帮助产生整体的东西而设想的。

在第十九章中，我阐明了凡有机整体只能由分化的过程产生。

我解释了只有分化过程能够产生自然的东西，因为它在整体中限定了各个局部。因为只有这种过程可以依据各自在整体中的位置独立地形成各个局部。

现在我们看到，有一个产生同样的结果，却逐渐起作用的第二种的补充的过程。

当某个场所发展，各种东西加于其上，逐渐地在加进中形成它们的形状，帮助形成更大的模式之时，这个场所在每个阶段也保持完整——但在这种情形中，整体的几何体不停地变化，因为在这里正进行着实际而具体的事物的聚积。

这一过程，像简单的分化过程一样，能够形成整体，其中各个局部的形状依据其位置而被塑成。

但这一过程还更有力：因为它可以形成更大、更复杂的建筑组群。

而这一过程更有力，首先是因为它不留下错误：因为缝隙得以弥补，小东西的错误逐渐地被校正，而后，整体变得非常平滑、松弛，以致它看来好像一直存在于那里。它天衣无缝，它只是自在地与时间永存。

第二十五章
城市的缓慢出现

　　最后，在通常的语言框架内，成百万个个别建造行为将共同自然地产生一个活生生的、整体的和无法预言的城市——这就是无名特质的缓慢出现，好像自无而来。

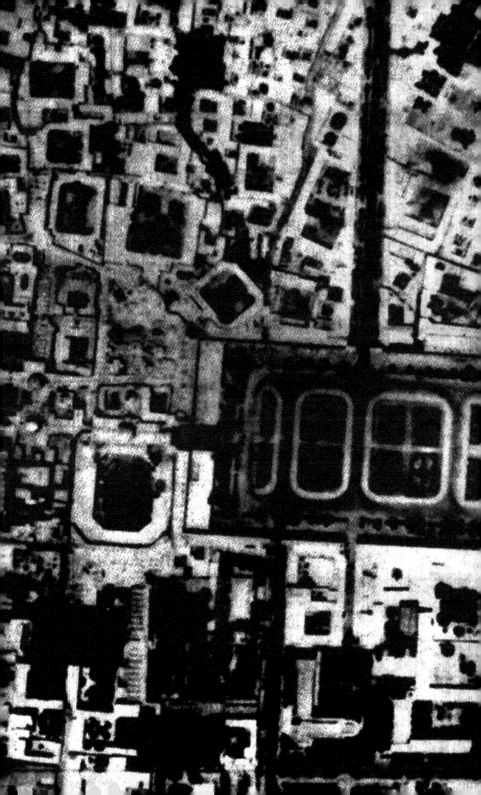

最后，我们说到城市本身。

我们已经看到了几十个建造行为是怎样可以在共同的模式语言之内逐渐产生一个整体的，并且看到了为限定那个整体所需要的若干更大一层的模式能够通过个别行为的缓慢的结合而逐渐地产生。

现在，我们将要看到这一同样的过程是怎样引伸到一个城市的。

我们现在终于碰到了一切假设中最深远的假设了——城市所有大尺度的秩序是可能单纯通过许多渐进的点滴行为创造出来的。

需要认识的第一件事情是任何系统，即使大到城市，都存在一个基本的问题。

当一个人或一组人一起设想一个建筑时，他们自然把它作为一个整体来设想，其各个部分则属于局部，它们既支持那个整体，自身也是整体。

但一个城市成长时，它不能在一个人或任何一致的一组人的心中成长。一个城市是成千上万个个别的建造行为建造的。如果真是如此的话，那我们怎能肯定城市将是完整的，而不是支离破碎的混沌呢？

这里的问题是：城市结构可以单纯从各个局部之间自发的相互作用中形成吗？

它可以由一个人们狭隘地做各自想要做的，而仍能成功地创造一个整体的自由的过程来产生吗？

抑或结构必须靠一只无形的手，按照蓝图或总图来规划吗？

难道必须有某种控制，某种极权主义秩序从上面强加下来，限制单个行为的自由，强迫它们适应大尺度的秩序吗？

为了正确地表述这个问题，我愿意把它和生物学早已提出的一个问题相对照："有机体是怎样形成的？"

例如，将你的手伸到你的面前，你是否意识到，这个复杂的形状，这个骨胳、肌肉、指头、指甲、关节、皱纹和精妙曲线的错综的结构是在完全没有蓝图或总图的背景下形成的？

你是否意识到，只是在那些依据个别细胞的互相作用而指示各个细胞生长的规则支配下，细胞的合作才形成了这只手的？

或举另一个例子，从我的窗子望出去，我看到几平方米的花丛在那里，草长在下面，一两棵树凸出来，一些其他植物夹杂其中。

如果我注视这些树丛，直到单个叶子，它们下面的土粒，细枝，花瓣，叶上的小虫，叶之间的空隙，下面的叶子敞向天空的细节，我非得相信有个无形的设计者创造了这一切吗？

起初，生物学家认为肯定有个无形的设计者存在。

他们相信，没有某个东西，没有一个告诉诸多细胞在何处安置自身的总的精神意图的控制，这种奇迹就不可能发生。到了 17 世纪，一些生物学家甚至还相信人的每个细胞都包含一个人类模样的生物。

而现在清楚了，有机体完全是由遗传密码支配的细胞相互作用而形成的。

最近，我们的实验已逐渐搞清楚，这个所谓的奇迹不是由上面指导而得出的奇迹，而是部分之间精妙组织起来的、协同作用而得出的奇迹：独自生长的细胞，互相传达，只由遗传密码控制的指令支配，它们相互间正确地活动，以创造一个不可详细预见的，但可以辨识类别的完整的个体。

这一理论也适用于一个城市。

一段时间里，人们认为城市必须由规划师作出规划或蓝图。据说，如果城市的秩序不是这样产生的，城市将不会有秩序。于是，人们竟不顾所有传统社会建造的美丽的城市和村庄都没有规划总图的明显事实而恪守这一信条，人们已经让自己放弃自由。

然而像生物学一样，现在清楚了，一个城市的结构可以由共同语言中个别建造行为的相互作用构成，比蓝图或总图更深、更复杂。而且的确，正像你的手或窗外的花丛一样，它是控制各部分建构的规则相互作用产生的最好的结构。

让我们详细看看，规则相互作用的过程是怎么能够产生一个城市的。

使其可能的基本事实是，模式不是突然地、完整地被产生的，而是作为一系列微小行为的最终结果形成的——这些微小的行为，如果它们重复得足够多的话，本身就有能力创造模式。

在有机体的成长中，一切较大的模式都不过是作为微小的日常变化的结果而被产生的，这是一般情况。

在成长着的有机体中，任何给定的时刻，成长的"终止"或最终"目的"都没有意义。倒是存在一个转化的过程，它能够保持有机体的现存状态，在生长的下一刻稍微改动它，而这一转化过程是以这样一种方式进行的：当同样的过程在下一刻重复，再下一刻又重复时，需要的模式，不是根据某个规则，而是作为一系列变化步骤的成果，缓慢地、不懈地出现。

详细来说，这是通过荷尔蒙所产生的某种化学关系的反应发生的。这些关系在不同的空间部分促进和抑制生长——这种不同的成长过程慢慢地产生了生长的整体。根据在任一时刻这些关系的状态，生长过程创造一定的微小成长，这一微小的成长根据一定的规则，稍微变化了现有结构。

随着生长的发生，这些化学关系改变了，以致由"相同"规则指导的"相同"变化，在它每次出现的时刻都有略微不同的效应。因为变化的重复运用是由化学关系中改变着的浓度来控制的，浓度告诉有机体接近平衡的距离，并将它导向完成的模式，而完成的模式仅仅是接连的微小变化的最终成果。

而这也正出现在城市中。

在这种情形中，"化学关系"仅仅由提供生长规则的较大尺度模式的人的意识所取代。如果人们同意这些大尺度模式，那么他们就可以运用他们对模式及这些模式完成与未完成的程度的认识来指导较小一层的模式的成长和集合。

慢慢地，在这种指导的影响下，小尺度的转化将按照自己的顺序，逐一地创造大一层的模式，没有任何个人需要准确地知道这些更大的模式怎么会出现在完成的城市中，或出现在城市的哪个地方。

例如，下面是这种过程可以生成像**指状城乡交错**那样一个非常大尺度模式的方式。

在任一时刻，城郊之间的实际边界都是一个粗略的不规则的曲线。假定城市刺激当地的社区，正好促进这些曲线的外凸部位生长，而抑制曲线内凹部位之外的生长，甚至在曲线内凹的里面促进对建筑的破坏和对空地的重视。

在这些刺激的影响下，凸部将逐渐向外生长，形成指状城区；非凸部将保持不变，甚至反向城里生长，保持和产生了指状郊区。

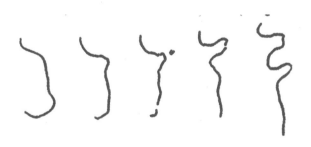

当然，在任何一个月，实际的进展都是微小的。但那不要紧。在这个生长过程的影响下，模式**指状城乡交错**将缓慢但却不懈地产生出来。

在略小的尺度，一个社区中以同样情况可以产生一个**散步场所**。

例如，假定筹建一个**步行街**和**散步场所**，位于有个冰淇淋店的某个角落和人们傍晚集聚的另一角落之间。

现在社区使这两点之间临线的所有邻里对此了解，鼓励汽车交通离开沿着这条线的各个支路，希望沿着将会形成的**散步场所**出现新的社区活动等。

每个邻里接着制定最好地帮助**散步场所**慢慢产生的办法——而这样做是因为它将受益于较大一层的社区所拥有的力量的鼓励。例如，假定一个邻里想到可以在**散步场所**可能经过的地方设一个带有小型**体育活动**的**入口**。为了创造**散步场所**，他们接着将修条支路，这条路可以在社区的那部分之内，经过通向邻里的入口，而且经过乒乓球场和当地运动场。逐渐地，散步场所从各个邻里的许多点滴的努力中形成了。

同样的过程也可以在一个邻里局部产生一些模式。

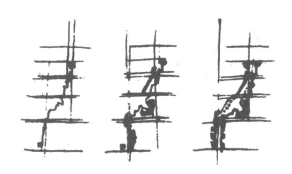

考虑两个局部邻里所属的模式：**主门道**与**小路网路和汽车**。

邻里创造刺激，借以鼓励住宅组团、工作组团和单个住房所有者，从而慢慢地、逐一地产生这些模式。

第一年在一个建筑组团里的人们拆掉了后篱，这样在两个组团之间开出一条小路，沟通了两街。下一年，另一建筑组团用同一选路连通它的公共用地，同样在当地邻里提供的刺激下行动，知道这是在帮助产生邻里需要的更大一层的模式。

又一年，生活在邻里边界的人们决定跨街架起一些小建筑，帮助形成一个门。当然，他们是把它同**小路网络和汽车**的形成联系在一起考虑来建造这个门。这个行为本身并不形成一个完整的**主门道**。但两个已建建筑形成的街道瓶颈，很明显是一个门的前兆，其他更小的行为将紧跟着，使入口完善。但同时，邻里允许这两个建筑侵占街道。因为他们认识到这样产生的狭窄将逐渐使邻里的那个角落向主要入口的形态改变。这是整个邻里所需要的。

这些过程的每一个都需要一个大的组群和一个含有较小组群的组群。

在这方面，它们正像第二十四章中住宅和住宅组团的例子，不过引伸了更大的尺度。那里住房分别作用，产生了组团需要的更大一层的模式。在这里也是如此，但尺度更大。组团一起行动，产生邻里需要的模式。邻里一起作用，产生社区需要的模式。而社区一起作用，产生城市需要的模式。

为使这些过程适用整个城市结构，城市需要由一个组群和土地的层次组成，各自负责自己的模式。

在最低层次，每个人拥有自己私有的空间，根据自己的需要，负责促进产生那里的一些模式。

在第二层次，家庭有自己的土地及自己的共用的空间，工作组团也同样，家庭和工作组团负责所有共用空间所需要的较大的模式。

在第三层次，每组家庭和工作组团是一个很好限定的法定整体——法定组团——拥有自己的土地（那块土地各家共同使用，不属于任何一家私有）——负责所有那里所需要的模式。

在第四层次，组团组成的邻里又是一个很好限定的法定组成的集团，同样拥有公共的土地——当地道路、当地公园、当地幼儿园——但并不拥有组团所有的较小的公共土地。邻里作为一个集团，对公共土地中的模式负责。

在下一个层次，有邻里组成的社区——同样是很好限定并法定组成的——同样有他们自己的公共土地，包括更大的道路，更大的公共建筑，对需要服务整个社区的那些模式负责。

最后，在城市层次，又有一个法定整体，拥有自己的土地——现在作为一个城市，并未拥有所有的街道，所有的公园，只拥有那些每个人都可以使用的最大的地方，并对那些最大的公共土地上需要的最大的模式负责。

为了使一些较大的模式一个个地从较小一级的行为的聚积中形成，必须使每一组帮助紧接着的较大一级的组产生较大组所需要的一些更大的模式。

因而，一个人使其房间具形时，他是受到了特殊的刺激，有助于形成其房间所在的家庭或作坊的大一层的模式。于是**中心公共区、一个人自己的房间、私密性层次、建筑物边缘、户外正空间、有天然采光的翼楼**将逐渐形成。

当家庭成员建造或更改他们的住宅时，组团给了他们特殊的刺激，使他们负责改进他们周围上下左右的环境，于是**建筑群体、内部交通领域、半隐蔽花园、小停车场、有遮挡的停车场、各种入口**将在组团的负责下逐渐形成。

当每个组团更改其整个形式，或在其上建造时，它负责给邻里带来更大一层的邻里模式：**邻里边界、主门道、绿茵街道、水池和小溪、儿童之家、区内弯曲的道路、家庭工作间、分散的工作点、僻静区**。邻里可以给予钱或其他刺激，促进那些小行为帮着使这些较大的模式出现。

更大的社区可以以同样的方式用钱或许可给那些邻里帮助，使更大模式出现：**近宅绿地、平行路、散步场所、商业街、亚文化区的镶嵌、亚文化区边界、分散的工作点、圣地保健中心**。同样，这些更大的模式将根据邻里自动的协作形成。**偏心式核心区、密度圈……**

甚至在最大层次，区域或城市，可以提供刺激，这些刺激将通过帮助最大模式出现的方式，促进社区更改它们自己的内部结构。这些模式是：**运输网、环路、指状城乡交错、地区交通区、农业谷地、通往水域、珍贵的地方……**

在这些情况下，每个模式肯定将在它需要的层次出现。

小的模式直接由个人产生，不断地重复。大的模式间接地由一些小一层的模式逐渐增长的重复而产生。

但绝不能肯定，给出的模式究竟在哪里出现。

不能肯定在任何一个特定的地方，任一模式将采取什么形式。

在出现之前我们知道它具有什么一般形式。

但我们不知道其准确形式，其准确尺寸，其细节特征，直到它已生长成熟——因为在生长过程中，它使自身具形，并且只是生长本身对应于其环境的细节，才能正确地塑造它。

就此而言，它像一棵橡树的自然秩序。

任一特定的橡树的最终形状是不可预言的。

橡树生长时没有蓝图，没有总图告诉树枝向哪方向生长。

我们大体上知道，它会有橡树的概貌，因为其生长是由橡树的模式语言（其遗传密码）指导的。但其细部是不可预言的，因为每一小步是由这个语言同外力和条件——雨、风、阳光、土壤成分、其他树木和树丛的位置、自己枝上叶子的厚度等的相互作用塑成的。

一个完整的城市就像一棵橡树，也一定是不可预言的。

细节不可能预先知道。我们从共同使用的模式语言可能知道它将是何种城市。但却不可能预言其详细平面：不可能使它按照某个平面生长。它必是不可预言的。因此个别建造行为可以自由适应它们所遇到的地区的一切作用力。

一个城市中的人们也许知道，将要有一条主要步行街，因此存在一个告诉他们这样的模式。但他们不知道，这条主要步行街将在哪里，直到它已存在于那里。街道将由较小的行为建造起来，不管行动的机会在哪里出现。当它最后形成时，它的形式一部分是由许多愉快的偶然事件的历史赋予的，这些事件让人们同自己较私密的行为一道建造它。无法事先知道这些事情将发生在哪里。

这个过程，确像任何其他生活形式的出现一样，独自产生一个生活秩序。

它是小的个体行为几乎随机被筛分和利用的过程，以便它们所产生的东西是有序的。即使是混乱的产物也一样。

它产生了秩序，不是强迫的，不是通过平面或绘画或构件强加于上的。因为它是从其环境吸取秩序的过程——它允许环境一起出现。

当然，通过这个方法出现的秩序，比通过一次人为创造的行为可能出现的秩序多得多。

它比任何其他的秩序更复杂。它不能由决策产生，它不能被设计。它不能在一张平面上预言。它是千百个人处理他们自己生活，使他们一切潜力发挥出来的活生生的证明。

而最后，城市整体出现了。

第二十六章

超时代的特征

　　随着整体的形成，我们将看到它具备了赋予永恒之
道其名的那个超时代的特质，此特质是一个特定的形态
特征，清晰明确，一个建筑或城市富有生气时，它肯定
出现，它是建筑中无名特质的物质体现。

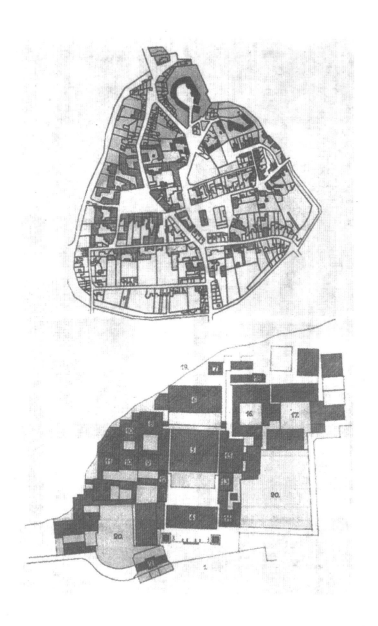

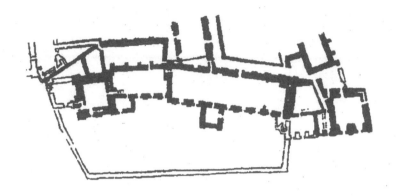

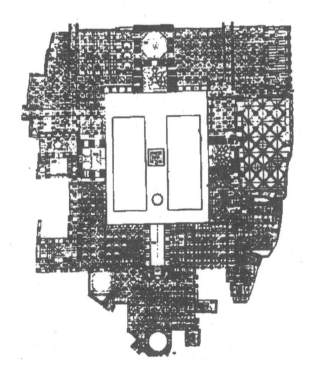

THE WAY

道

477

倘若你遵照前面 25 章描述的建筑之道，你会发现将形成的建筑会逐渐并自动地带有一定的特征。

它是一个永恒的特征。

看看这页和下页图上人们用模式语言做出的建筑。它们可以是古罗马的、波斯的、摩亨佐·达罗的、中世纪俄罗斯的、冰岛的、非洲的。它们也许已有五百年或五千年的历史，或者是距今五千年前建造的。

不管愿意不愿意，没有意识到他们在做什么，并不知道其意义，人们建造了比起任何今天在建造的建筑来更像已逝文化的无数城市和房屋。

总之，语言的使用不只帮助我们的建筑生根于现实；不只保证它们满足人类需要；保证它们和内在的作用力相一致——而且也使它们看上去的方式各有差别。

为使这一点明确，让我区分两个不同的形态。

设想我们把世界的建筑分为两堆。一堆里是所有那些在全世界的传统社会中，千百年来建造的传统建筑。另一堆里是所有那些过去一百年来靠集权主义者的技术、靠工业建造的建筑。

尽管第一堆中的建筑和城市有不同形式的巨大变化——砖房、草舍、石拱、木构、坡顶、木阁、干垒石墙、石柱、尖顶、平顶、拱窗、直窗、砖、木、石、白色、蓝色、褐色、黄色、狭小的街道、宽广的街道、露天院子、封闭庭院——同另一堆相比，它们还是具有某种共同的东西。

它是一种特殊的形态特征。当建筑在永恒之道的框架中产生时，它们总是有这种特殊的特征。

此特征的开始，是由基于它的模式标志的。

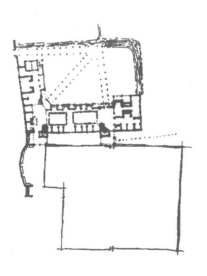

低矮的建筑；通向楼上的外楼梯；公共进餐的长桌；或坡或圆，或大而可见，或用作平台的屋顶；布置得至少有两面射进光线的房间；建造得不仅能观赏到花，也能闻到花香，接触花朵的花园；静水和动水；沿着建筑的拱廊；建筑和花园之间的门廊；环绕着广场的拱廊的公共和私密小广场；上层的画廊；房间和空间转角处的柱子；依据房间亲密程度而设置的高度不同的天花；房间边侧的小凹室；玫瑰和葡萄覆盖的格架；物品和装饰显示生活的特征并使房间充满这一特征的墙壁；社区之间的实物划界，各以自己的方式生存，而不受其他的妨碍。

它有更大的分化标志。

如果我们把这些建筑同我们现时代的建筑比较，它们的变化更多，细节更多；局部之间的内在区别更多。

房间尺寸不同，门的宽度不同，柱子根据在建筑中的位置而截面不同，不同地方有不同装饰，一层层窗子有尺寸不等的梯度。

敞向较大房间的小的房间；小路相交的地方有地面升起；柱梁相接的地方有较大的连接；窗子中因窗格划分的大小而有不同种类的木件。

尽管许多房间是长方形的，还是有一些圆的、椭圆的、奇特形状的多边形掺杂于长方形之间。相邻场合之间的边缘本身总是场合，它们有一定厚度，它们有个波状的特征，两个空间之间差不多，绝不只是一个平面。空间之间都有开口，它们占据墙面很大的百分比。曲线和曲表面是少有的，但在强调点偶尔出现。柱子是很粗的，常常是一束或一团。小路常常稍微弯曲，街道常常逐渐变窄，带小弯曲。简言之，特征是由较大的差别、较大的分化来标志的。

但最重要的是，它是由"秩序"和"非秩序"间的特殊平衡来标志的。

直线和曲线、直角和非直角、相等和不等空间之间存在着一个完美的平衡。建筑不准确，它就不会出现。它之所以发生是因为它们较为准确。

部分的相似出现，是因为产生部分的作用力总是多少相同的。但这些相似之中略有粗糙和不齐是来之于作用力绝没有完全相同的这一事实。

粗略直的直线的出现是因为一个空间的界限必然有一个其两边是有生气的空间。曲墙在其外边形成一个趋于破坏空间的凹处。而直墙并不完全直，因为没有理由完全直。

大致的直角之所以出现是因为一个房间中或室外面积的边缘呈尖角，就很少是舒适的。而它们不完全是直角，因为没有理由使它们完全是直角。

并且，在感觉上它是由人们心中自由时，各处呈现的敏锐性、自由感和宁静感所标志的。

粗糙桌子上放着的几只杯子和玻璃杯，花园采摘来的清新的花束，一架旧钢琴的音调，在角落玩耍的孩子。

不需要复杂化，也不需要简单。

许多学生，当他们最初试图创造这一特征时，往往创造一个扭曲的复杂体。而这几乎是真实特征的反面，一个场所为了得到这一特征，不需要有许多小角、奇怪角落等。有时，它完全是有规则的。

它只是简单地来自这样的事实，即每个部分凭自身是完整的。

设想一个安置在墙洞里的预制窗。它自成一体，是一个元件。但它可被直接从墙中挖出来。道理上如此，感觉上也如此。道理上讲，你可以不用破坏墙的组织把窗子拿出来。而且，在你的想象中，窗子可以不扰乱其周围的组织而被移动。

拿它和另一个窗子比较。设想形成了窗子空间一部分的窗外的一对柱子，它们创造了一个既是外面的一部分，又是窗子的一部分的不定空间。设想帮助形成窗子的窗内侧斜面，阳光经其反射照进房间，因而它也是房间的一部分。想象一个窗座——不是一个靠着窗下墙的坐位，而是一个其靠背和窗下墙不可分的坐位，因为它是连续的。

这个窗子不能被拿出来：它与周围诸模式同在；它既是明确的自身，又是它们的一部分。诸事物之间的各个边界不显著，它们与其他的边界交叠，从而在这个特定的场合，形成了较大的连续性。

世界的任何部分和解之时，这个特征就出现。

每个东西由各个部分组成，但是各个部分交叠内锁到所有东西明显成为一体的程度，部分之间没有间隙。因为每个间隙本身恰是一个部分。而且在结构中层次之间没有清楚的界限，因为某种程度上，每部分延伸下来，同更小一层的结构单元相连续、相结合，而这些更小的单元还是不能拿开，因为它们的边界交叠，同更大一层的单元相连续。

因此，它是我们环境中健康和生活的最基本的特征。

在一个让整体得以形成的过程的支配之下，在个人、家庭、花园、树、树林、墙、厨房的尺度上，每个部分在自己所处的位置上成了整体。因为它适应了它是其中一部分的更大一层的整体，还因为它适应了作为其局部的更小一层的诸整体。

于是，世界成为一体——没有缝隙——因为每部分都是更大、更小整体的一部分，存在着一个秩序的连续统一体，使局部不确定化和统一化。

外表上，这一特征使我们忆起了往日的建筑。

你可以在此章前面的古代建筑的平面中看到这点。它们也都有这种内在的松弛。它们也都有有序和无序的平衡，优美的长方形，视建筑或基地需要，稍加变形；它们也都有小空间和开敞空间的微妙的平衡；也都有无论内外的每个部分以自己坚实形状作为一部分而出现的统一。它们都有稍微散漫的、纯真的外表，它们闪烁着严谨的秩序，让我们感觉到静谧。

倘若我们不细心思考，就会认为这个优美的特征纯粹来自它们是随意缓慢而非机械地产生的事实。但事实上，这一特征出现于这些建筑之中，不是因为历史，或因为建造它们的如此原始的过程。这些建筑有这一特征，因为它们非常深，因为它们是由一个让每部分同其环境完全一体的过程产生的，在其中没有留下自我，只有需要的从容的信念。

然而，这一特征不能由一个怀古的人产生。

这只是因为，当你像有着活生生的模式语言的人那样理解我们周围的作用力时，当你根据这些作用力建造时，你做的各种建筑物比起现代的来更像古代的建筑。
乍看起来像一个标志过去城市和村庄的偶然特质，

转变成了我们生活的世界的最基本的物质特性。

它只是恰当反映了其中作用力的建筑的特征。

我们自己时代的五光十色的建筑是用简单的立方形、圆形、半圆形、螺旋圆、长方形建造的。这种几何形是幼稚地寻找秩序所创造的稚拙的秩序。我们恰恰想象这是一个建筑的正常的秩序，因为我们是被这样培养的，但我们错了。

一个建筑或一个城镇正常的秩序，在建筑正确适应它们之中的作用力时出现，是一个有着远为复杂的几何形的更丰富的秩序。但它不只是丰富和复杂的，它也是很特有的。它将在任何情形下于各个建筑实际正确的地方显示自身。当任何人设法产生一个有活力的建筑时，它将具备这种特有的特征，因为那是与生活一致的唯一的特征。

当我自己第一次开始建造此种特征的建筑时，特征使我惊愕了。

最初，我害怕我内心可能真会是保守的，我在不自觉地努力于复旧。

但接着我读到了一本中国古代画册——《芥子园画传》上的一段话，使我茅塞顿开。

画册的作者描述了在他探索绘画之道中，如何亲自发现了许多人像他一样在历史进程中亲自发现的绘画之道。他说，一个人越理解绘画，也就越意识到绘画艺术基本上是一个道，它总会一次又一次被发现和重新被发现的，因为它同绘画的本质相联系，肯定会被任何认真绘画的人所发现。风格的思想是毫无意义的：我们所看成的（一个人或一个时代）只是他人领悟绘画的中心秘密的努力而已，而这一中心秘密是道赋予的，但本身却不能被命名。

我认识城市和建筑越多，我就越感觉到它们也是同样的。建筑的许多历史风格有某种共同的特质——它们具有这种特质，不是因为它们古老，而是因为人们一次又一次接近了建筑中心的秘密。事实上，使建筑成为优秀建筑的原则是简单和直接的——它们直接遵从人的本性及自然的定律——任何人领悟这些定律并这样做的话，将会越来越接近这个伟大的传统，在其中人们一次又一次寻找同样的东西，总是得出同样的结论。

因为构成所有东西的这相同的形态最终总会出现，建筑的永恒之道确是一个永恒之道。

当你学着使建筑越来越有生气，因而越来越真实于它们特有的本质时，你必然会接近这永恒的特征。

这些是人接近建筑的中心时，一次又一次发现了的形式。如果建造行为在一个社区中越来越由一个共同语言来控制，它们将越来越接近于创造和更新创造那个自有社会以来就已是建筑一部分的永恒形式的主体。

　　建筑的永恒特征如同河流、树木、山峦、火焰、星星的特征一样是自然的一部分。

　　自然中每一种现象都有其自己的特征。星星有其特征，海洋有其特征，河流有其特征，山峦有其特征，树林、花朵、昆虫，所有的都有。而当建筑被恰当地产生，并忠实于其中所有的作用力时，它们也总会有其自己的特定特征。这就是永恒之道创造的特征。

　　它是城市和建筑中无名特质的物质体现。

THE KERNEL OF THE WAY

道之核心

　　然而，永恒之道并未完结，直到我们把大门抛在身后，它才彻底地产生无名特质。

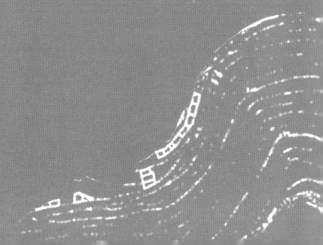

第二十七章
道之核心

    诚然,这超时代的特征最终和语言无关,语言及出自于它的过程仅仅解放了我们天生的基本秩序。它们并未教会我们什么,它们只是提醒我们,当我们放弃我们的设想和成见,严格地做那些出自于我们自己的事情时,我们已经知道了什么和将要一次又一次发现什么。

从你至此所读到的来看，仿佛建筑的生活以及它们充满生气时所具有的永恒特征可以简单地靠使用模式语言来创造。若是人们有了一种有活力的语言，仿佛其建筑行为所产生的东西都将是有生气的，仿佛城市的生活可以简单地靠使用语言来创造。

然而，我们怀疑，会是如此简单吗？任一过程真会产生拨动自然心弦的无名特质吗？任一理论会如此有说服力吗？

这些怀疑是正确的，永恒之道存在着一个我至今尚未描述的核心，一个中心的思想。

此核心的精华是这样的事实：我们只有在无我时，才能使建筑有活力。

如想象蓝色砖、白色喷泉、拱廊下的鸟窝、黄色的漆、清洗了的木作。

屋顶周边的装饰，入口树丛的红花，满挂窗帘的大窗子，育苗正长的花盆，墙上悬挂的一支金雀花……高耸云天的尖塔，逆光中的建筑穹顶，建筑周围凹室的阴影。

这种场景之美，其中触动我们的特质，使它富有活力的东西，最重要的是它无忧无虑，质朴纯真。

这种纯真只有在人们真诚地忘我之时才会出现。

不言而喻，我们著名建筑师的巨大的钢与玻璃与混凝土结构并不具此一特质。

自不待言，由大开发商建造的成批生产的开发住房不具此一特质。

甚至可以说，较"自然"的建筑师，像赖特和阿尔托也没有达到此一特质。

同样也可以说，有着不规则的红木立面和旧式乡村风格的室内"胆战心惊"放松的嬉皮风格的建筑也没有达到此一特质。

这些场所不是纯真的，不能达到无名特质，因为它们是以外表的效果来建造的。建造这些建筑的人用他们的建造方式来建造，因为他们在竭力把某种东西，某种想象转化到外部世界中去。甚至当它们被建得看上去像是自然的，甚至其自然性被计算出来时，最终也不过是一种摆设。

如果你认为我只是反对我自己的时代而怀旧的话，我愿告诉你我所知道的完全是20世纪的，却有着这种纯真的两个场所。

一是水果摊，就在乡村路上，离这儿不远。是个简单的棚子，用波纹铁和胶合板做的——除了保护水果外，别无他意。

另一个是北海的渔船甲板。它是一个简单的柴油机渔船，大概有40ft长。三个丹麦兄弟在船上捕鱼。在一个角落，总有一大堆空酒瓶子，足有三四英尺高；他们在海上和在港口时，不停地饮酒。

这两个地方有点无名特质需要的纯真和无我。何以见得？因为建造它们的人不在乎旁人对它们怎样想。我不是说他们是有意的；有意不关心他人对它们的看法的人，至少还是有意的——也还是个姿态。但在水果摊和渔船甲板这两种情形中，人们不关心他人想什么，也不关心他们不在乎什么。这些事情对他们没有任何意义。他们只严格地适应情况，做他们需做之事。

当然，也有更大的例子。

一个混凝土做的院子或一个钢厂，根本不希望引人注目，只需要起作用的东西……有时具有这种特质。同样道理，一个农院常具这一特质，或者一个新咖啡馆，主人钱太少，无法做引人注目的任何东西，只集中于以最少的钱使顾客真正感觉到舒服的事情上。

当然，特质有时也存在于一个过去建造的住宅中，住宅周围的花，蔓生的格架，它们被耐心地照管，隐于大墙之后，看不到，只是出于爱和出于生存的愿望，让玫瑰花开放。

像这样无我地建造一个建筑，建造者必须排除一切希望的意象，自虚无开始。

建筑师有时说，为了设计一幢建筑，开始你必须有"一个意象"，以便使整体连贯有序。

但以这种心境，你绝不能产生一个自然的东西。倘若你有一个想法——并竭力把模式加之于它，想法就控制、歪曲、掩饰了模式本身努力在你心中做的工作。

相反，你必须从心中无物开始。

只有当你不再担心没有东西出来，从而你能经得起让意象任其所之，你才可以做到这点。

首先，当你尚未确保模式语言将自动在你心中产生形式时，你紧紧依靠你所有的意象，因为你害怕没了它们，就没有任何东西留下来。一旦你知道了，模式语言和基地一起会自动地自你心中，凭空产生形式，你就会信任你自己去完全放开你的意象。

对于一个不自由的人，语言看来仅仅像信息，因为他感觉他肯定在控制之中，他必须注入创造性的冲动，他必须提供控制设计的意象。可一旦一个人松弛下来，让情境中的作用力通过他作用，好像他是一个中介，那么他就看到语言几乎不需要什么帮助，就能够胜任所有的工作，而建筑塑造了自身。

这就是虚空的重要。一个自由无我的人，从虚空出发，让语言从虚空无中产生需要的形式。他克服了抓住意象不放的需要，克服了控制设计的需要，以虚空而惬意，并对体现为模式而作用其心的自然定律将创造一切需要的东西充满信心。

在这个阶段，建筑的生活将直接来源于你的语言。

不畏死的人，是自由生活的人，因为他可以接受即将发生的事情，而不是总在通过努力控制它而扼杀它。

同样，当我开始从容对待即将发生的事情之时，语言和语言产生的建筑开始闪现于生活。我可以在语言的秩序之中工作，而不担心以后出现的模式，因为我确信，当我到那一步时，不管发生什么事情，我总能找到一条把它们带进设计的道路。我不需要事先提防。我为什么能这样肯定，我总能找到带来更小模式的方式呢？因为，我不在乎最后建筑或其细部有什么形状——如果它们是自然的话。我没有试图把模式灌入既定的模子里去；只要我能够满足模式，我不在乎建筑将会多么陌生，多么奇特。

有时一棵生长在花园偏僻角落的柳树，它自身适应花园的许多作用力，会变得盘根错节。但它是自由自在的。如果我做出的建筑是盘根错节的，它将像柳树一样自由。因为这，因为我不惧怕畸形，我总可以将模式置入语言的秩序中；并且因此，我总可以做一个像野生的柳树一样自由自在的建筑来。

然而就在你开始放松，并让语言在你心中产生建筑的时刻，你将开始看到你的语言是多么的有限。

一旦你认识到，唯一要紧的事情是建筑所处的情境的现实，而非你的意象之时，你就能够放松，让语言的模式在你心中自由地结合，而不试图把人为想象强加于它们的结合之上。

但同时，你将开始意识到，情境的现实不但比你的意象重要，而且也比语言重要。语言，不管多么有用，多么有力，难免有错误，而你不能自动地接受语言模式，或希望它们机械地产生一个有生气的东西——因为，再一次，最终决定建筑会成为多么自然、自在、完整的，只取决于你自己成为多么平常和多么自然的。

一个场所之中会有许多"好"的模式，却已僵死。

例如，旧金山的一个**小广场**就恰好有四种模式。广场是小的，有一个**有顶街道**，有**袋形活动场地**，有**楼梯坐位**。但这些模式的每一个都有微妙的错误。空间是小的——是的。但这种安置绝不会被使用，因此行人密度还是太低——使场所感觉丰满的**小广场**的要点没有了。有一个经过广场导向建筑的**有顶街道**——是的。但沿这条路没有包含活动的场所，因此，路线变成了不妥帖的，并且无助于出现生活。有**袋形活动场地**——是的——沿着广场边缘有几块小角落。但它们的安排绝不会使活动在那里集聚——它们和通道的关系不正确。如果他们可以的话，人们自然相聚的地方，将被台阶和障碍物阻塞住。

广场之中有这些模式——但它还是不成的——因为在各种情形中，模式的要点、模式的精神失去了。对于建成这个广场的人来说，这些模式是空洞的形式工具，全然无助于此地出现生机。

另一地方没有应用模式，却还是有生气的。

就是这同一个广场没有这些模式，却也可能完整。

假定广场是大的——部分可以处理得像一个公园——人们最喜欢聚集的角落，做成部分闭合的小空间。这将是**小广场**的精神，但却没有局限于字面上的意思。

假定无法开条道通过广场做一个**有顶街道**——那么有可能把儿童游戏场或树丛放在后部，而两块活动地正好放在街上。通过使用街道本身作为切线通路将获得**有顶街道**的精神——而没有局限于模式字面上的意思。

只要你盲从、机械地使用模式，它们就和任何其他的意象一样将干扰你的现实感。只有你恰当地漠视它们之时，你才会恰当地使用它们。

只有当你能充分摆脱那种帮助你的模式之时，你才能建造一个富有活力的建筑。你所听到的是多么得矛盾！

最终，只有当一个使用语言的人无我自在之时，建筑才成为有生气的。只有那时他才能认识到真实存在的作用力，而不被意象吓倒。

但在那时刻，他不再需要语言了。一旦一个人自由到这样一种程度，他能够看到真实存在的作用力，并建造一个单纯由作用力塑造的建筑，而不被其意象所影响或干扰——那么他就能足够自由地建造，而完全不用语言——因为模式包含的认识，作用力真正作用的方式的认识是他的。

那么，可能在你看来，模式语言是无用的了。

除非你首先无我和自由，否则你是不能使建筑有生气的，哪怕你借助于模式语言；如果这是真的话，无论你怎么做，一旦你已经达到了这种自由的状态，你将能够做一个活生生的东西；那么这似乎表明模式语言是无用的。

但正是你的模式语言帮助你成为无我的。

有生气语言中的模式是以每个人灵魂深处已经知道的基本现实为基础的。你知道小凹室、拱廊、低天花、窗口、遮蔽屋顶有基本的意义——而你忘记它们有意义只因为我们的社会已经用其他歪曲的意象充斥了你的心灵。语言只显示给你自己已经知道的东西。语言能够唤醒你内心深处的感受和那些真实的东西。逐渐地，通过遵从语言，你感觉到了逃脱社会强加于你的人为意象的自由。随着你从这些意象和根据这些意象制造东西的需要中逃脱出来，你能够更加和事物的本质相接触，从而成为无我和自在的了。

语言使你自由地成为你自己，因为它允许你做自然的事情，而且当世界在竭力压制你对建筑的最深感觉时，语言将这些感觉显示给你。

一个在伯克利的建筑系学生，他的心里充满了钢架、平屋顶、现代建筑的意象，读到**阳台**模式时，他找到老师，惊奇地说："我以前不知道允许我们做这样的东西"！他惊讶于竟被允许。

我看到我们的模式语言使用得越多，我就越意识到语言不能教导人们关于他们环境的新事实。它唤起古老的感受。它允许人们去做他们想做，但近年来却已回避做的事情，因为他们已经被那些告诉他们那不是"现代"建筑的建筑师所惊吓和羞辱。人们害怕被嘲笑对"艺术"无知；而正是这种恐惧使他们放弃了自己对简单和正确事物的坚定的认识。

一种语言恢复了你对那些曾经看来平凡的事物的信心。

第一种东西——我们所有内心深处的喜欢和讨厌的秘密——是基本的。

我们放弃它们，企图使自己显得了不起并且聪明——因为我们怕人们会嘲笑我们。

例如，**带阁楼的坡屋顶**是如此充满感受，许多人不敢承认它。

一种语言将允许这种带有感受的内在事物指导你的行动。

在这最后阶段，模式不再重要：模式已教你有能力接受真实的东西。

告诉你产生凹室的不再是模式**凹室**，这是因为你看到了特定情形的现实。而你看到的现实向你表明了一个特定的凹室是要做的正确的东西。

起初作为理智拐杖的模式凹室，对你来说不再需要。你像一个动物直接看到了现实。你做个凹室就好像一个动物做个凹室——不是因为概念——而是直接简单地因为它是恰如其分的。

在这个阶段，你直接和真实的东西打交道。

但不要随便认为，现在你可以做到这点了，因而你不需要语言让你来做了。在这时刻，你不能看到现实：因为你的心里充满了意象和概念。当你在这个阶段，依赖意象和概念（风格、平屋顶、玻璃、白漆钢、厚红木贴脸、木瓦、圆角、对角线）时，你不能直接面对现实——你不能指明真实与不真实之间的区别。在这种状态，你逃脱意象的唯一办法是用更精确的意象，也就是模式语言，来取代它们。但最后，你可以使你自己完全从意象中解脱出来。

就此而言，语言是带来我称之为无我心境的工具。

模式语言的耐心使用，将让你回到你自己的那部分，那个总是在那儿，现在也在那儿，却被意象、意念和理论所妨碍，使你身不由己，不可能按自然行事的部分。

去做俯瞰生活的窗子的冲动，去做高度变化的天花、粗得足以依靠的柱子、小窗玻璃格、遮蔽的尖顶、拱廊、门前坐位、凹窗、凹室等的冲动已是你的一部分。但你被告诉得太多了，以致你不再看到这些内在冲动的价值。你控制它们，因为你认为别人知道得更多。你也许害怕，人们会嘲笑你是如此的平凡。

一种模式语言真正没有做任何其他的事情，除了再次唤醒这些感受。

这就是把你带进那种在其中你生活得如此接近于你的内心，以致你不再需要语言的意境之门。

它完全是平常的，它就是已在你之中的东西。你的最初、最原始的冲动是对的，它将引导你做正确的事情，只要你让你自己去做。

不需要技巧。问题只是你究竟是否让自己成为平凡的人，你做那些自然到来的事情，做那些看来最铭感于你的内心的，而非将错误的认识蒙上了你的心的意象的事情。

这是永恒之道的最后一课。

想象你自己在你的屋外建造一个简单的外廊，撑起一根柱子；用角板加强与梁的连接；饰以细工浮雕，以使光线柔和地射下，避免眩光；安上易靠的栏杆，以便你可以走出来倚靠，呼吸夏日的空气；黄色草地反映金色阳光，使本色木板更加温暖。

设想你在建造这样一个门廊的地方，你的生活到达了那一点。你现在是一个不同于过去的人了。你已经理解了这些细节在你的生活中的重要性，你已经理解了它们是多么地影响你的生活，这个事实意味着，在一个更简单的意义上，你现在是活跃的。

最后你懂得了，你已经知道如何产生这个无名特质在建筑中的物质体现的超时代的特性，因为它是你的一部分——但是直到你掌握了一种模式语言，一旦它教会你听任自己按自己所为行事，而超越了这种语言之时，你才能达到它。

顺其自然是世界上最平常的事情，有如切草莓的行为一样平常。

我有生最激动的时刻之一，也是最平常的时刻之一。我同一个朋友在丹麦，我们在准备喝茶时吃的草莓。我注意到她切的草莓非常之薄，几乎像纸一样。当然，比通常花的时间要长，我问她何以如此。她说，当你吃草莓时，草莓的味儿来自你接触的暴露的表面，表面越多，味道越好。我切的草莓越薄，表面越多。

她的整个生活就像这样。如此平常，以致很难解释它有多深。动物几乎没有任何不必要的东西，每件要做的事情全都做。像那样去生活是世界上最容易的事情；但对一个头脑充满想象的人，它是最难的。我在那一时刻所学到的建筑胜过十年建造所学。

当我们像那一样平常，我们的任何行动除了需要者之外，不留下任何东西——那么我们就可以把城市和建筑建造得像风吹过的草地一样变化无穷、宁静、富有野趣和活力。

几乎每个人都感觉到同自然的和平相处：听着海浪撞击海岸的涛声，在一个平静的湖边，在一片草地里，在风吹过的石南丛生的荒地上。到那一天，当我们再次学到了永恒之道，我们将在我们的城市中感觉到同样的和平与安闲，正如我们今天在海边散步，在草原上开始大踏步迈进一样。

ACKNOWLEDGMENTS

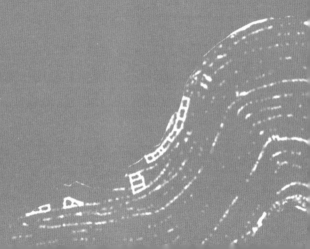

写作本书的漫长的十四年间，我主要得到了三个人的帮助，第一个是我心爱的妻子 Ingrid，总是激励我，清晰地理解我所要做的，总是随时准备再交谈、再考虑，帮我准确地确定书中每一段落所产生的感受，而且找到了许多精美的照片。第二个是我亲爱的朋友 Sara，年复一年地在阶段性的研讨中，讨论每一章节、每一页、每个句子……特别是在一起工作期间，在我们讨论整个理论时对我的帮助。第三个是 Peter Mailloux，花了几乎一年，也是最困难的一年，帮助我完成最后的编辑。

　　至于照片，其中许多源于已绝版的图书和期刊，并不是总能找到摄影者的名字。不过，无论是少数我能确认的摄影者，还是所有其他我不能确认的摄影者，我都非常感谢他们,他们精美的图片,说明了本书的核心观念。

36 Ernst Haas

44 Bernard Wolf

45 Bernard Wolf

46 Henri Cartier-Bresson

47 André Kertesz

48 André Kertesz

49 Henri Cartier-Bresson

60 Henri Cartier-Bresson

80 Roderick Cameron

108 K.Nakamura

112 David Sellin

124 Kocjanic

134 Bernard Rudofsky

155 John Durniak

166 Erik Lundberg

167 Eugene Atget

168 Luc Joubert

216 Henri Cartier-Bresson

218 Bruce Davidson

219 Henri Cartier-Bresson

282 Lennart Nilsson

298 Ursula Pfistermeister

299 Eugene Atget

312 Erik Lundberg

398 Prip Moller

ACKNOWLEDGMENTS
致 谢

译 后 记

    我们生活在一个文化的最不幸的时刻。各个文化，无论是强的还是弱的，无论是高层次的还是低层次的，都在相互碰撞之中。虽然，全球文化的有序是注定要形成的，然而我们所处的却是一个极其无序的文化动荡的时期。

    文化的动荡带给我们每一代人的是痛苦的折磨，而中国文化瞬息即逝的百余年更带给了我们中国的数代人各自漫长的苦难历程。

    还记得我们的文化是如何从常态的有序经过了西方文化、日本文化和苏俄文化的冲击，一步步内聚，迈入紧急状态的苦难的历史吗？

    还记得内聚极点的文化的悲剧性的革命吗？

    虽然，我们的文化已从被动的受压转向了觉醒，然而，我们的危机尚未解除，我们个人的痛楚依然存在！

    痛楚的人生产生了强烈的忧患意识。十多年来我一直在思考周围的一切。我拼命地读书，我不断地旅行，我思考人生的意义，我了解苦难的中国。渐渐地我发现，一个人的思索只有转化为社会的思索才能真正地推动文化的前进。而要达到社会的思索，一方面要依场合把自己的思想发表出来，另一方面也要介绍其他文化的思想。亚历山大的《建筑的永恒之道》的翻译就是几年前在后一方面所做的初步的工作。

几年过去了，如今这本书就要和读者见面了，我很想象几年前所想的那样，写些文字，但却觉得难以下笔，因为重读此书所给我的更多的是失望的感受。如果我写些批判性的文字，那会给读者泼冷水，我不希望这样做，因为，中国人尚需更多的热情来接受西方的思想。而且我知道，我的批判更多的将是哲学性的，就建筑领域而言，谈论抽象的框架是无济于事的，建筑需要的是具体的阐发。也许，有机会，我能把近几年来的哲学思考转换成具体的建筑理论；也许到那时，才可能真正谈论全球文化的建筑思想。但愿那一天会早日到来。

最后，我愿借此机会，向尊敬的导师冯纪忠先生致以衷心的谢意，不仅感谢他对本书的精心校订，更感谢他对年青一代的辛勤培育。

赵　冰

译 后 记